CLAIRE CELESTIN

MESSAGE À LA GÉOMÉTRIE DYSFONCTIONNELLE

ÉDITIONS MAÏA

Découvrez notre catalogue sur :

https://editions-maia.com

Un grand merci à tous les participants de *simply-crowd.com* qui ont permis à ce livre de voir le jour :

APPOLINE BÉAGUE
THOMAS BREMBOR
CLARA CHESNAIS
CÉLINE CIBRARIO
FLORENCE COUSSON
GAËTAN DELERUE
HUGUES DELERUE
AGATHE DEMEURE
LE CHAMP DES BOHÈMES
FLORENT DUBOIS
FLORIAN HAMELIN
CAMILLE HANS
CHRISTOPHE HERMIER
MÉLODY JANSON
CLOTHILDE JEAN-BAPTISTE
GANE
BAPTISTE JOUFFROY
CHANTAL KUNAJ
JOËLLE LE CRAVER
JEAN SÉBASTIEN L'HERMITTE
JORDY LIN
ARTHUR LOGET
JULIAN & AURÉLIE MASSART
DOLET
MARIE-CLAIRE MEROLA
CATHERINE PANNEQUIN
NICOLAS PENNEL
ANA PO
SABRINA PRUVOST
EVE STURM
CAROLINE TANCREZ
NELZ-MOREAU CHARLOTTE

Illustrations : Nicolas Pennel

Nos livres sont éthiques et durables : économes en papier et en encre, ils sont conçus et imprimés en France.

ISBN 978-2-38441-200-6
Dépôt légal : octobre 2022

Sommaire

Préface de Clothilde Jean-Baptiste

Sur une Terre ronde
Vaste monde sans coin où se recroqueviller
Sans coin où se cacher
La rivière tombe dans le fleuve
Le fleuve dans la mer et, par delà l'océan,
La boucle recommence.

Sur une Terre ronde
Vaste monde sans coin où se recroqueviller
Où se sentir en sécurité
Une rencontre dans un corps
Neuf mois pour devenir Rond
Aussi rond que la Terre mère
Elle te nourrit, la mère,
Elle te fait grandir, la Terre,
Et la boucle recommence.

Dès l'arrivée sur Terre,
Sur ta bouche, l'ange est passé,
Mémoire vierge pour cette rentrée
Il faut qu'il devienne Carré
Alors que c'est un Rond qui l'a porté
Et la boucle recommence...

Face aux portes du monde
Tu te retrouves sans clef
Car elles t'ont été arrachées
Pour ton arrivée
Et la boucle recommence...

Géométrie Dysfonctionnelle

La vie humaine est une rosée passagère.
Proverbe japonais

Incommodée dans cette banalité prévisible, pleine d'habitudes et de répétitions, pas d'inattendus ou d'aventures.
Tout était compté et mesuré : l'argent, le temps, les mots, les émotions.
Il fallait marcher droit. Il fallait se tenir droit.
Chaque intonation se devait discrète et réfléchie. Tout était carré.
Elle est née Étoile dans cette famille de Polygones.

J'y suis née Rond.

Nous rentrions dans une case de la société, cette petite famille qui se donnait des airs de famille parfaite.
Je pense que ma mère était un Rond que la vie avait martelé jusqu'à la rendre Carré.
Petite fille déjà, elle n'avait jamais eu le droit d'exprimer ses colères, haines ou joies.
Une enfant blessée qui avait fini par croire qu'une femme forte ne peut ressentir quoi que ce soit. Devenus ses pires fantômes, ses souvenirs la hantaient jour et nuit, ne lui laissant pas le répit de savourer l'instant présent. Ses tyrans avaient fait d'elle un Carré amer, froid. Pervers, narcissique.

Par des excès d'incompréhension, de colère, de volonté de liberté, d'expression, le Rond faisait tout valdinguer.
Et le Carré, sans cesse, tentait d'étouffer le Rond.

Petite Étoile, elle se faisait discrète. La belle se renferma dans la musique, elle aimait rêver de célébrités, de stars, de paillettes, de robes, de rose.
Petit Losange, il se faisait discret. L'enfant restait des heures durant devant les écrans noirs ; il aimait se laisser aspirer par les aventures des personnages de dessins animés...

Mais cette cohabitation d'un Carré voulant faire d'un Rond un Carré, du Rond qui ne voulait être Carré, de l'Étoile qui tentait de rentrer dans une case, du Trapèze qui s'était affaissé ne sachant comment se mouler, ne voulant pas trop se mouiller, et du petit Losange qui ne savait pas comment se mouvoir dans cette géométrie dysfonctionnelle finit par s'interrompre.

Un triste soir d'hiver, alors que la neige recouvrait les routes et que la Villa Géométrique hurlait ses tabous, le Rond fit exploser le Carré. Et le Carré aux coins aigus bannit le Rond aux allures difformes. Et une petite Étoile voulut s'éteindre.

J'ai tenté les petits mots, les belles phrases, les grands discours, pour sauver ma petite Étoile et mon petit Losange.
Nous nous sommes perdus.

Soir après soir, jour après jour.

Vortex

Tous les nuages n'apportent pas de pluie.
Proverbe hollandais

Une goutte de pluie passe à travers le toit en tôle ; gondolé par le poids des dernières averses, il menace de s'effondrer à tout moment.
Dans ce paysage apocalyptique, personne n'y prête attention ; quelques-uns s'en amusent.
Chacun y trouve son atmosphère et se crée son univers secret.
Par la fumée de leurs bombes, ils explosent leurs émotions colorées sur ce mur abandonné.
Ils se déchargent.
Par la force de leur haine, ils rendent poussière chaque obstacle de ce lieu industriel en le laissant délabré.
Ils s'expriment.
Par un objectif primitif, ils recherchent des clichés où ils pourront se retrouver.
Par quelques pas, par-ci par-là, ils se frayent un chemin, ces aventuriers du dimanche en quête de découverte.
Tous ces Polygones perdus, que ce lieu redevenu sauvage saura apaiser, le temps d'une goutte d'eau ruisselant le long de ce toit gondolé.
Et le verre des fenêtres, les carreaux autrefois aux murs, la faïence, qui jonchent le sol.
Et les étagères pillées, les lavabos en morceaux, et les machines brûlées.
Et les insultes graffées, les interdictions désuètes, les vestiges d'un patronat.
Toute l'énergie pour s'approprier ce lieu renaissant de ses cendres.

La naissance est un miracle offert par la vie.
Tout autour de nous, tout naît quelque part, une idée, une envie, une colère, une peur…
Tout est un miracle. Tout est un cadeau de la vie.

Un bébé Rond placé dans sa chaise haute.
Prisonnière. Immobile. Reste là où tu es.
Chaise haute face au mur. Et les adultes laissent leurs gambettes gambader.
La gabatine est discrète.

Dans l'esprit du bambin naît un petit Lutin vert et le rituel commence :
« Maman ne te regarde pas, ne te voit pas.
Maman ne te voit pas. Alors tu n'es pas là ?
Si tu n'es pas là, tu n'existes pas.
Tu es seule. Elle ne veut pas de toi. »

Cette créature espiègle se nourrit des croyances les plus inconscientes :
« Si Maman te rejette, c'est qu'elle ne t'aime pas,
Si elle ne t'aime pas, c'est que tu n'as pas de valeur,
Si tu n'as pas de valeur, pourquoi prendre soin de toi ? »

Ni bienfaisant, ni malfaisant, il met en lumière des certitudes et crée des vérités épisodiques :
« Alors, tu ne t'aimes pas, tu n'as pas de valeur.
Tu ne mérites pas d'exister. »

La Villa Géométrique

Pour se réconcilier, on n'apporte pas un couteau qui tranche
mais une aiguille qui coud.
Proverbe africain

L'écho du vide résonne. Des âmes passent.
Le vent fait trembler les arbustes du jardin.
Les rares personnes qui ont eu l'occasion de s'aventurer dans cette maison la disent hantée.
Hantée par nos péchés. Hantée par des non-dits.
Hantée par toutes les personnes brisées qui y ont laissé des morceaux.
La Villa Géométrique tremble aussi.
Elle aussi périt du manque d'amour.

Le réveil sonne. Finis les rêves qui chantonnent de doux espoirs.
Quelque chose détonne, un cyclone se prépare.
Sous tension, la maison s'allume de part et d'autre.
Électrique, une énergie nauséabonde émane des murs et du plancher.
À tour de rôle, les Polygones s'engagent dans leur journée, sans échange.
Chacun s'affaire dans la préparation d'une journée parfaite, pour une famille parfaite.

La Villa Géométrique, tout droit sortie d'un catalogue, est parfaite.
Parfaitement rangée. Chaque chose est à sa place.
Parfaitement propre. Un mouton n'oserait se délester de sa laine sur le plancher.
Un confort inconfortable.

Les semaines passent et se ressemblent toutes.
Le Trapèze s'échappe en premier,
Puis c'est au tour du Rond.
L'Étoile la suit de près,
Le Carré accompagne le Losange,
Puis retourne dans l'antre de la Villa,
Accomplir à son tour son devoir.

Nous faisons tous semblant d'être parfaits, et de tout contrôler.
La journée se passe, non sans encombre.
Puis les Polygones échouent sur le palier, fatigués.
L'acrylique rouge les englobe,
Villa magnétique qui dérobe leurs masques statiques.

Les murs ont des oreilles, dit-on.
Cette Villa en a entendu, des choses malsaines et furibondes.
La peinture rouge s'écoule, ses tympans saignent.
L'énergie du logis surgit. Pas de magie ici.

Le dîner se déroule dans une atmosphère morose,
Les Polygones n'étendent pas leur tristesse,
Gardant secret tout ce qui pourrait encombrer
Le sol sombre de la Villa Géométrique.
L'horloge s'affole,
Trop de tâches à accomplir,
Le rangement, le linge, les poussières,
Trop peu de temps pour tout rendre faussement étincelant,
Mais à quoi bon ? Pour quels invités faut-il perdre autant d'énergie ?
Personne ne vient jamais.
Mis à part les marmots que garde le Carré
Qui, du haut de leur jeune âge, n'ont que faire qu'une tasse de café soit rangée à cet endroit, que les chaussettes ne soient pas en boule ou que la cuvette des toilettes soit rabaissée.
Qui, du haut de leur jeune âge, n'ont que faire qu'un Losange soit rangé à cet endroit, une Étoile soit chamboulée ou qu'un Rond soit rabaissé.
Ces choses ont pris trop d'importance.

La nuit tombe,
Triomphe sur la lumière,
Hécatombe.

Il est 22h,

Le Carré s'affole,
En pleine organisation des lendemains,
Trop de tâches à accomplir,
Sans savoir le dire, il a besoin d'aide.
« Tu branles rien, je fais toujours tout dans cette maison ! Viens donc repasser ce linge ! »
Cela fait bien longtemps que le Carré a beaucoup trop à faire.

Le Rond s'affole,
En pleine révision pour ses examens,
Trop de tâches à accomplir,
Sans savoir le dire, il a besoin d'aide.
« J'ai pas qu'ça à foutre, moi ! »
Cela fait bien longtemps que le Rond n'a plus envie de plaire.

Une discussion enflammée réchauffera le fer, qui fumant dans les mains du Rond, repassera sans cesse le long des tissus allongés sur la planche au milieu du salon.

Un sourire mesquin tombe.
Triomphe sur les lèvres du Carré.
Hécatombe.

Il est 23h,

Les bras croisés, dans un coin, le Carré observe le Rond s'affairer.
Doux reproches poreux, qui grattent la langue comme un vieux tweed.
On dépose les mots dans un coton humide à deux doigts de moisir,
On sort nos plus belles aiguilles pour découdre nos cœurs.
On suit le même canevas depuis quatre ans déjà.
On s'empresse d'oppresser la pression de nos émotions.

Les hurlements fusent, on pique des crises, la trame suit son cours.
Et chaque soir, les larmes jaillissent ; les coups de poing sont lourds.

Mais ce soir-là, ce sera le dernier.

Il est 23h30,

Le Rond s'indigne, daigne répondre au Carré qui, toujours dans son coin, découpe chaque minute de voluptueux reproches.
Le Rond abandonne la table à repasser pour descendre ressasser de sombres pensées.
Le Carré n'abandonnera pas, le Rond doit se taire et obéir.
Le Losange et l'Étoile sont cachés sous leurs couettes ;
Comme chaque soir.

Il est minuit,

Le Carré descend les escaliers quatre par quatre,
Le Rond tente lui aussi de se réfugier sous sa couette,
Échec.
Le Carré attrape ses cheveux et la tire sur le sol jusqu'à la porte,
Le Rond se débat, hurle, supplie.
Échec.
Le Carré envoie un coup de pied.
Le Rond se recroqueville au sol.
Échec.
Le Carré remonte en larmes.
Le Rond se relève sans armes.
Échec.

Le Trapèze descend :

« Mais tu peux pas fermer ta putain de gueule et arrêter de lui répondre pour qu'elle nous laisse enfin tranquilles ?! »
Coup de poing.

Le Rond tombe au sol, assommé.

Absence

Les mots non prononcés sont les fleurs du silence.
Proverbe japonais

Grand personnage, mais petit adulte, que les soucis ont fini par raser aussi bien les cheveux que la fierté.
Vaillant, tu fus un homme capable de toutes les actions pour pouvoir assurer ton devoir.
Paternel, parce que tu étais un homme puissant, acharné de nous protéger.
Présent, je me souviens du temps où ta patience m'a permis d'apprendre à avancer.
Fier, car dans tes yeux je voyais la puissance de la confiance que tu m'accordais.
Inspirant, car de chacune de mes questions tu avais dix réponses.

Muet, quand mes « pourquoi » sont devenus plus révoltants.
Aveugle, quand ma confiance s'estompa peu à peu.
Sourd, quand pour la première fois quelqu'un t'a demandé clairement de l'aide.
Perdu, face à toutes ces émotions que tu n'as jamais cherché à comprendre.

Déçu, car tu aurais aimé que cela en soit autrement,
Sage, car aujourd'hui tu m'as pardonné.

L'idéalisme de la carrure paternel qui finit par s'estomper en une guillerette caricature.

Trapèze, parce que je te voyais comme un homme extraordinaire, qui a vécu mille vies et connu tant de choses, une pointure dans tout ce que tu entreprenais.
Trapèze, parce qu'un homme droit, juste, honnête et bienveillant. Un homme qui me rassurait.

Mais la rupture a cassé la structure.
Nous verrouillons nos mots.
L'usure de la serrure rouillée ne procure plus qu'un obscur parjure.
Un silence de marbre autour de nos échanges,
Virulents par moments,
Ignorants à d'autres.
En pleine figure, je me prends la rayure que tu as mise sur ta progéniture.
Aujourd'hui, je sature.

Cela fait neuf ans que j'oscille entre doute et mépris, je ne comprends pas !
Et cette gravure libère mes mots, qui s'enfuient sur ce papier et se procurent le droit d'être contemplés... Je ne comprends toujours pas !
Pourquoi ? Te souviens-tu de ce livre pour enfant plein de « pourquoi » réjouissants ?
Voici mon livre pour adulte, plein de « pourquoi » révoltants...
Trapèze qui n'a jamais trop su comment se mouler ne voulant pas trop se mouiller...

Mouillée, tu sais, je le fus.

Une explosion de plus du Carré dérangé, le Rond a dix ans, dérangeant, car il a tenté une sortie du cadre. Direction instantanée, sous un filet d'eau glacée. Hurlements, le Rond se débat face au Carré plus puissant.

Domination non acceptée, damnation projetée.

« Qu'est-ce que j'ai fait au bon Dieu pour avoir une fille comme toi ? »

Une épine de plus, telle une flèche lancée au hasard de la vie, nourrissant le petit Lutin vert.
Tu sais ? Ce petit Lutin qui te répète sans cesse que ça ne vaut pas la peine… que tu n'en vaux pas la peine.
Le Rond ajoute une penne à cette flèche, et la renvoie.
« De toute façon, quand je serai grande, c'est moi qui aurais le dessus sur toi ! »
Blanc.
Le blanc de l'effroi qui se lit sur son visage, le blanc du silence qui les englobe alors.
Le blanc de la baignoire sous les petons du petit Rond.
Une gifle envoyée, laissant le Rond se fracasser contre ce blanc immaculé.

La même rengaine jusqu'au lendemain.
« Tu chahutais, tu as glissé, tu es tombée. »
Et tous les adultes y ont eu le droit.
La vérité manipulée.

« Je chahutais, j'ai glissé, je suis tombée. »
L'école, les docteurs, toi.
La vérité bien camouflée.
Tous se sont moulés dans cette confortable sournoiserie.

Bien des années plus tard, prenant pleine conscience de la tromperie, le Rond cria à l'imposture.
Le déni prit alors place, et le Trapèze l'emportera jusqu'à sa sépulture.

Un pas sur un œuf
D'autruche
Le lait bout d'un sursaut
Les bulles s'embrouillent
L'homme en laiton décore
L'assiette si soignée
S'il lance les dés
N'y prenez pas goût
Silence du déni
À contre-saoul
D'un prisme à l'autre.
On n'appâte pas le choix
On graisse la poële
Acquiesce l'abus.

Chantez l'heure pour demain.

Silence

Attends d'avoir traversé la rivière pour dire au crocodile qu'il a une bosse sur le nez.
Proverbe baoulé

Le Rond a huit ans ; elle est assise sur le vieux banc en bois de l'entrée, le regard trouble, fixé sur la fenêtre par laquelle quelques rayons osent s'aventurer.
Elle se sent oppressée, écrasée, le petit Lutin a élu domicile dans tout son corps, de ses pensées à ses actes en passant par son cœur et dirige le tout d'une poigne ardente, constamment présent, elle n'arrive plus à s'en détacher.

Un instant, elle observe son étagère, ses livres, tous ces récits d'aventures, de mondes imaginaires parfaits l'attirent.
« J'aimerais être à la place des héros de chaque histoire, même les plus effrayantes. » pense-t-elle, lançant cette petite fleur à la vie, persuadée que les mauvaises herbes sont moins hautes ailleurs, et les Lutins plus distraits.

Le Carré s'adresse au Rond, qui, perdu dans sa bulle, répond à côté.
Chaque mot prononcé est une opportunité de semer la discorde. Et les mauvaises herbes toujours semblables poussent de plus belle, laissant le Lutin s'y installer tranquillement. Et le rituel reprend de plus belle.
« Vipère ! Garce ! Traînée ! » Le Carré ne tarit pas d'éloges, nourrissant le petit Lutin affamé, toutes les insultes sont permises, un festival de bonne humeur commence !
« Tout ça, c'est de ta faute, tu es responsable de tous les malheurs de cette famille. »

Cette petite voix du Lutin dans sa tête, qui prend de plus en plus d'espace. Migraine.
« Qu'est-ce que j'ai fait au bon Dieu pour avoir une fille comme ça ? » Et le bon Dieu ne répond rien, laissant le Lutin se charger de tout. Le Rond s'évanouit.

Errance, volonté de silence.
Silence sur les mots prononcés,
Silence du Lutin, silence du Carré.

Comme chaque mot prend trop d'importance,
Des proportions exacerbées,
Le silence, lui, se fera plus léger...

Le silence sature l'air de mauvaises ondes, révélateur.
Comme si les mots du Rond n'avaient aucune valeur.
Comme si ses mots étaient responsables de tous les malheurs.
C'est un silence lourd de colère, de déni, un silence accusateur.

Le Rond a onze ans. Un soir, alors qu'elle faisait la vaisselle avec le Carré, alors que seuls les jeux des petits Polygones brisaient le silence, ce dernier tenta de débroussailler la relation :
« J'en ai marre, tu ne me parles plus, tu ne dis plus rien ! »
Le Rond l'observe un moment sans rien faire :
« Je ne te parle plus ? Tu as raison... Mais à quoi bon ?
Mon avis ne t'intéresse pas, mes mots sont disséqués, analysés, transformés. Chaque petite pousse de mon être est écrasée.
J'aimerais t'expliquer tout ce qu'il se passe dans ma tête.
J'ai peur du Lutin, de moi, de toi. Maman, j'ai peur. Tu as bafoué toutes tes promesses, je n'ai plus confiance en toi, en moi. Je n'ai confiance en rien de cet univers.
Comment grandir ? Comment évoluer ?
Je ne comprends pas la puissance de mes mots, je ne comprends pas ta colère, je ne comprends pas ce que je ressens, je ne sais pas qui je suis, ou même si j'ai l'autorisation d'être.
Tu me dis qui être, quoi penser, quoi dire, mais tu ne me laisses pas exister.
Alors je fais ce que je peux, j'abdique, et toujours dans la crainte que tu retournes ta veste.

Je veux te plaire, mais quelle que soit ta demande, le résultat ne te plaît pas.
Alors je me tais pour ne plus avoir à subir tes remarques incessantes… Tes discours à rallonge, tes mauvais mots, je ne veux plus t'entendre. »

Mais aucun son ne sortit de sa bouche, le Lutin chantonnait à tue-tête :
« Tu es un enfant. Tais-toi.
Ce sont les adultes qui parlent. Silence !
Fais moins de bruit, ne pleure pas,
Tu comprendras quand tu seras grande,
Le silence est plus beau que ta parole d'enfant. »

Si elle avait osé lui dire à peine la moitié de ses sombres pensées, le Carré aurait envoyé une épine sur un ton de sarcasme :
« Et toi, tu te crois intéressante peut-être ? »
« Non, c'est pour cela que je me tais. »

Et le Lutin chantonnait à tue-tête :
« Tu es un enfant. Tais-toi.
Ce sont les adultes qui parlent. Silence !
Fais moins de bruit, ne pleure pas,
Tu comprendras quand tu seras grande,
Le silence est plus beau que ta parole d'enfant. »

On grimpe l'échelle diatonique de cette conversation,
Do, le dos, il a bon dos ;
Ré, responsable de tous les malheurs ;
Mi, émotion mitigée ;
Fa, famille dysfonctionnelle ;
Sol… Taches sur le sol, sur un autre ton, écouter la suite de la musique reviendrait à plonger sa tête dans une eau vinaigrée les yeux ouverts.
Aigreur de ces paroles. Dissonance des mots du Carré :
« Tu ne veux pas me parler parce que tu ne m'aimes pas ?
— Mais si, Maman, je t'aime.
— Qu'est-ce que j'ai fait pour que tu me trouves nulle ? Pourquoi préfères-tu ton père ?!
— Je ne préfère pas Papa ! Arrête !

— Pourquoi tu ne fais rien pour moi ? C'est toujours dans le même sens !
— Mais, Maman... Tu ne vois pas que j'essaye de t'aider au maximum ?
— De toute façon, quand tu seras grande, tu vas me laisser toute seule...
— Mais non, Maman, je serais là. Arrête. Stop ! Mais stop !
— Il vaut mieux que je meurs...
Et le Carré qui disparaît des heures nocturnes aux heures diurnes, sans un mot en laissant derrière lui un nuage humide de fantômes et de démons. Le Lutin se joint à eux :
« C'est de ta faute, tu n'as pas prouvé à ta mère que tu l'aimais, c'est de ta faute si elle ne va pas bien, tu es nulle. »
Et le cercle vicieux transmis de mère en fille continue son chemin...
Une danse macabre... Par moments dominants, par moment dominés, une valse terrible entre le Carré et le Rond qui n'ont pas confiance en elles, en l'autre et en l'amour.
Un jour où le Rond avait une fois de plus caché les couteaux sous son lit, le Trapèze aussi a craqué et explosé. Devant les petits Polygones tout juste en âge de dire « Stop ! Arrête, Papa ! Stop ! » Il a sauté sur le Carré.
Le Trapèze avait eu la volonté, des années durant, de s'exposer au repos et au calme de l'esprit et du cœur mais subissait chaque jour, des visites de peurs et de souffrances.
Il a étranglé le Carré. Carré étouffant, Trapèze étouffé... Carré étranglé.
« Stop ! Arrête, Papa ! Stop ! »
Il l'a libérée... « Tue-moi ! Mais tue-moi ! » s'égosille le Carré qui a peur de tout.
Nous avions besoin d'aide, mais personne n'a su le demander.
Donc... Silence.

Game Over

Le bélier qui va foncer commence par reculer.
Proverbe baoulé

Des bouclettes qui cachent son regard vif. Une unique dent qui brille par son sourire, et des petites mains potelées qui ne lâchent rien.
Le Losange.

Calé devant l'écran noir, rien ne le perturbe.
Un biberon d'une boisson noirâtre dans une main, une peluche au duvet noirci dans l'autre.

Je me souviens du temps où nous jouions ensemble à toutes sortes d'aventures avec nos poupées et voitures.
Je me souviens des matins où tu aimais nous réveiller avec un lancer de doudous.
Je me souviens de ce jour où tu m'arrachas la cuillerée de purée des mains pour la fourrer dans ta bouche, et de ce regard de défi me disant « Je suis grand ».
Je me souviens de chacun des pas que nous avons faits ensemble, et de toutes les péripéties de ta vie que tu me contais alors.

Et puis je t'ai perdu.

Un sursaut sur le fleuve du temps et te voilà bien grand.
Une voix grave et un duvet au-dessus des lèvres, je ne te reconnais plus.
Et ton regard... Triste et fuyant derrière tes écrans.

GAME OVER

Le Losange s'avance dans la vie, comme dans un jeu vidéo…
Imperturbable, grand jeune homme élégant, il est accro,
Sous ces pas, le chemin serpente derrière les barreaux.
Les pavés sont parsemés d'embûches, de défis, de challenges aléatoires,
Son œil avisé peut les apercevoir,
Il ne tombe pas dans les traquenards.
Il peut résoudre les quêtes des PNJ et faire évoluer sans cesse son avatar.
Doté de superpouvoirs, rien ne l'arrête ;
Ce que le Losange ne voit pas, c'est qu'il en a bien plus à proposer à la planète,
Que toutes ces animations abstraites.

Dans le jeu de la vie, nous avons tous des superpouvoirs.
Que tu sois altruiste, résilient, curieux,
Conformiste, captivant, audacieux,
Charismatique ou pragmatique,
Qu'importe ! Il suffit de le voir
En toi, et en chaque personne qui nous entoure.

Car dans le jeu de la vie, nous avons tous des alliés,
Qui sont là pour t'épauler, t'accompagner,
Pour toutes les quêtes et les challenges que tu auras trouvés,
Et d'autres ainsi, tu sauras aiguiller.

Mais où est le cheat code, pour tout recommencer ?

Si j'avais su que ce serait le dernier câlin, le dernier bisou, le dernier rayon de victoire que je verrais dans ton regard, j'aurais pris le temps d'observer toutes les couleurs de tes prunelles et tous ses scintillements. La noob que j'étais n'a pas su l'anticiper.

Dans le jeu de la vie, il n'y a pas de gourde magique qui guérit les blessures…
Mais des aventures et des âmes qui sauront te guider.

Ensemble, enfilons nos armures ;
Allons appréhender toutes les difficultés ;
Vivons dans tous les azimuts
Au-delà des chemins, racontons-nous des contes, comme autrefois...

Poussière d'étoile

Si ta gueule est de travers, n'accuse pas le miroir.
Proverbe russe

Petite Étoile, tu illuminais ma vie. La première fois que je t'ai vue sur scène, tu étais tellement magnifique, vêtue de ton tutu. Tu tourbillonnais sur le vieux bois du théâtre telle une étoile tombée du ciel. Grâce, élégance, tu vibrais par la danse, vivais pour la danse.

Passionnée, tu connaissais par cœur toutes les musiques de la vie. Dansant chaque pas avec tant de légèreté, prononçant chaque mot avec tant de douceur.

Te souviens-tu du temps où nous chantions à tue-tête dès qu'une mélodie s'allumait en nous ? Je mettais tout en œuvre, organisant la mise en scène, et toi, tu étais la star. Nous avions chacune nos strophes et les parents sur le canapé observaient émus nos petits « pestacles ».

Étincelle,
Aujourd'hui il y a tant de colère.

Allongée sur un matelas au sol, le Rond ne réalise pas de suite ce qu'il vient d'entendre...
Au bout du fil, une petite voix fragile lui donne rendez-vous.
Une Étoile bien abîmée qui tente d'expliquer la situation :
Elle lui demande de venir la voir là où elle est enfermée depuis un mois.
De rencontrer le médecin qui la suit.
Le Rond est paralysé. « Je n'ai pas eu le temps... »

Tant de fleurs lancées, de longs discours pour la mettre en garde, qui jonchent maintenant le sol macabre de l'hôpital.
Le Rond reste allongé là plusieurs jours, ne pouvant plus rien dire, plus rien avaler…
Laissant le temps prendre possession de son corps.
Laissant son âme périr plutôt que d'affronter ce chagrin.

J'ai souhaité tant de fois mourir, donner mon cœur plein de douleurs et que tout s'arrête. Sans cœur, plus de sentiments, plus de peine. Je me trouvais trop faible de ne même pas réussir à mourir…

Puis vint le matin de la rencontre, ils devaient être trois. Le médecin, le Carré et le Rond.

Le médecin arrive, le Carré ne viendra jamais.

En quelques mots, il empoisonne le Rond :
« Vous vous rendez compte que vous êtes responsable de ça ? »

Il explique au Rond, du haut de son fauteuil en cuir, bien cambré dans ses mocassins, que, détruit par son départ, l'Étoile a voulu s'éteindre.

Poussière de fleur.
Bleutées sont les pétales de cet amour, une teinte froide qui les englobe.
Rougi est le cœur de cette fleur, cet amour jadis passionné.
Jaune est le pistil dont le pollen s'écoule, cette confiance déchue.
Et puis le temps passe… La fleur fane.
Aujourd'hui, je tente de ramasser les poussières tombées des larmes de cette Étoile devenue Carré, pour qu'elle brille à nouveau sous les lumières de la vie.

J'ai conscience qu'aucun mot ne saura jamais reboiser nos jardins. J'ai conscience que jamais plus je ne t'entendrai chanter.
Je ne pouvais pas revenir.
Mais j'étais toujours là.

En quittant la Villa Géométrique, je ne souhaitais qu'une seule chose : me protéger, guérir et revenir vous sauver. Je n'ai pas eu le temps...

Le temps passe et on s'oublie, le son de nos voix, nos regards, la couleur de nos yeux, nos parfums, nos sourires et même nos rires ! Je ne sais plus ce que tu aimes ou ce que tu détestes. Les surnoms d'amour que nous nous donnions, nos moments, nos endroits rien qu'à nous. Je t'oublie. Tu m'oublies. Tout ce qui existait entre nous, nos souvenirs, tout a disparu.
Quand est-ce que je t'ai pris dans mes bras pour la dernière fois ?

Lentement, un frisson m'embrase.
Mon corps se redresse,
Mon regard s'assombrit,
Mes poings se ferment,
Une lèvre plissée.
Ta bouche pleine de dégoût peine à tout bousiller.
Ta gueule pleine de tabous prête à tout gabionner.

Sur scène, nous ne sommes plus que deux.
Le projecteur nous éblouit.
Est-ce devenu un ring ?!

Ajustons nos visières, il ne faudrait tout de même pas qu'on aille voir où se dirige le regard de l'autre !
Une truelle en carton, du mortier de pacotille, on se postillonne à la face, c'est à celle qui aura le mur le plus haut !
« Je n'ai plus de sœur »
« Dégage »

Pour qu'il y ait une ombre aussi haute, aussi robuste, aussi ténue, j'ai l'infinie croyance que la lumière créatrice de ce noir, de cette douleur, est tenue d'être bien plus vaste ! Bien plus puissante !

Cette douleur nous rend vivantes, nous donne de la hargne pour avancer, du courage pour combattre tous les démons de nos chemins sinueux. Là est notre lumière, notre puissance !

Une corde pendouille au cou de l'Étoile, vestige d'un temps oublié.
Un couteau cisaille un poignet du Rond, témoin d'un temps rejeté.
Vestige de leurs douleurs,
Témoin de leur souffrance,
Inspiration,
Leurs poitrines d'orgueil se gonflent,
Expiration.
Leurs cœurs de peurs se dégonflent,
Laissant la colère prendre dans un frisson,
Nos corps, nos regards, nos poings, nos lèvres, nos mots.

Qui assènera le premier coup ?
Rédempteur ? Dévastateur ?

Trou Noir

Un bon maçon ne rejette aucune pierre.
Proverbe hollandais

Vert, le petit bonhomme pour traverser tel qu'on lui a appris.
Vert, le feu des voitures pour avancer tel qu'on leur a appris.
Vert, et le petit Rond traversa, et la voiture avança.

Un pas de trop et son corps s'envole
Un choc. Trou noir.
Sur cet axe, cet accident suspend lors d'un court laps de temps le bruit, les êtres, les pensées.
Trou Noir.
Et ce vide de tout, de soi, est tellement apaisant.
Un pas de trop et son esprit prend l'air.
Un entre-temps : paralysie de la vie.
Vision de cet entre-deux mondes où les minutes s'écoulent doucement.
Tout devient lent, et clair.
Le temps, le bruit, les êtres et les pensées.
Trou Noir.
Puis c'est la chute, et le corps qui laisse tomber.
Tout est lent, et clair.
Éclairs de peurs qui ressurgissent dès que ses yeux s'ouvrent à nouveau.
Et la douleur s'éveille.

Au sol. Le corps s'immobilise.
Il se recueille, le Rond a besoin d'une pause.
Et cette réalité que son corps lui propose, allant jusqu'à s'aliter.
Ne lui donne pas d'espace pour un doute à ce propos.

Le Rond a besoin d'une pause.

Et le Lutin, égal à lui-même, vient mettre en lumière les blessures sous-jacentes.
Plein de culpabilité dont il témoigne avec habileté,
Et cette vulnérabilité qu'on oublie de chérir.

Et le Rond s'offre le temps de prendre soin de son corps.
Ce corps qui se relève.
Ce corps encore debout. Malgré tout.

Verts, ces pâturages qui entourent le château fort.
Verts, les bosquets aux quatre coins de l'enceinte du château.
Verte la peau du geôlier grimaçant devant la herse.

Ancrée devant la porte en bois massif sculptée de farfadets et de trolls en tous genres.

Cette forteresse est l'espace que je me suis créé.
Dès que j'essaye d'en sortir, mon Lutin intervient, me rappelant alors les frayeurs de ces terres inconnues, au-dehors.
Métamorphose.
Ses pattes vertes,
Ses pas lourds,
Ses coups de griffes.

Il transperce mon armure, et vient valider mes croyances, encourage mes peurs et je m'enfonce profondément au sein de mon château.

Mon regard est attiré par la tanière illuminée.
Le temps n'a plus d'emprise, dans ce taudis voûté
Je fais taire mon cœur grâce à quelques gorgées.

Autour des tables crasseuses, nous sommes nombreux à purger notre peine.
Sur quelques étagères, des bocaux alignés prennent la poussière.
Ils sont pleins de mémoires, d'expériences.
Ces cristaux protègent mes souvenirs.

Des toiles d'araignées tissent des liens douteux entre chacun d'entre eux.

Et le tavernier gueule des insalubrités.

Derrière les barreaux des fenêtres, j'observe les murailles qui entourent mon château.
J'observe les briques, que j'ai su poser un jour autour de cet espace devenu inconfortable.
J'observe mon Lutin qui m'a toujours aidé à voir clair en moi.
Je n'ai plus peur de lui.

Et le tavernier gueule des insalubrités.

Je me lève. Pose ma chope. Chope ma veste de fleurs et je sors.

Au tournant d'une ruelle, on brandit une lame.
Dans cette violence, je me sens en insécurité.

Je rejoins à grands pas, la grande place.
J'observe les passants, personne ne prend le temps d'être.
Les fleurs ne poussent pas ici.

J'avance vers la grande porte.
Et le Lutin susurre à mon oreille quelques mots d'une grande douceur.
Dehors, il y a un autre univers.
Et je n'ai pas besoin d'une armure.

Une brise venue d'ailleurs me donne envie de vivre en dehors de ce château fort.
Mais une pensée me traverse alors.
Je ne veux pas fuir mon château, je veux le transformer.

Je retourne chercher mes bocaux.
J'en ouvre un.
Submergée par la vague de lumière que possèdent ces mémoires du passé.
Tant de cadeaux il y a dans ces cristaux.

Je découvre des outils qui me permettent de desceller une pierre de cette muraille.
La tailler en galet pour en faire la sculpture de ma vie.

À travers la brèche créée, je peux voir l'extérieur.
Grand, fabuleux, lumineux.
Tant de terres inconnues.
Un frisson me parcourt.

Une par une, je retire les pierres.

Désertion du Désert

Chacun de nous porte un fou dans son manteau,
mais certains le dissimulent mieux que d'autres.
Proverbe suédois

Celui qui avait fait chavirer mon cœur,
Une amourette, si puissante, si charmante,
Un prince des terres sableuses,
Une lointaine province,
Ses mots sonnant la providence,
Des espoirs fondants sous le soleil,
Sans pince, il m'évince,
Coeur qui fut brisé,
Âme souillée, amour coulé...

Une bagarre de plus entre le Rond et le Carré,
16 ans, l'âge de toutes les envies, de tous les désirs,
L'âge où l'aventure devient primordiale, pressante, précieuse.
Quelques coups encaissés.
« Ta puissance ne vient pas des coups que tu peux donner, mais du nombre que tu es prêt à encaisser, tout en continuant à te relever. » Avance la tête haute.
« Tu n'es qu'une pute ! »
Le Carré agrippe la tignasse désordonnée du Rond,
Quelques coups encaissés, quelques coups renvoyés,
Désordre du jour : Découverte de photos nues.
Le Carré avait fouiné dans les affaires du Rond.
Le Carré avait trouvé de quoi animer sa journée.
Bien que cela ne fût pas sans peine.
Ordre du jour : Punition

L'arrogance du Rond qui avait osé montrer son corps nu à un homme,
L'insolence du Rond qui aimait son corps et se trouvait belle,
L'inconvenance du Rond qui voulait être acceptée dans un groupe où les jeunes n'avaient pas peur de leurs aînés.
Mais ces photos faisaient désordre dans une Villa si parfaite.
Honte. Trahison. Destruction.

Avance la tête haute.
Je saute par la fenêtre, et je cours.
Les cailloux se fondent dans le creux de mes pieds nus, et je cours.
Les bleus au corps ne valent rien lorsqu'on ressent le mal du cœur.
Et je cours.
Je me dirige vers le bâtiment blanc des Uniformes bleus.
Personne.
Je cours plus loin encore.
Une voiture s'interpose dans ma course effrénée.
Une collègue du Carré qui m'avait reconnue.
Qui me ramène gentiment chez moi,
Qui ne me pose aucune question.
L'impertinence d'une adulte qui ne se mêle pas des affaires des autres.
Je ne suis pas une affaire.
Mon retour fut fortement fêté.

Inquiétude de la solitude qui tourmente un Rond dont le cœur est plus poussiéreux qu'une dune désertique.
« Je ne veux pas rester seule,
Je ne veux pas rester seule,
Je ne veux pas rester seule »
Chacune de ses pensées sont une recherche de comment en finir.
Quelques médicaments avalés en hâte.
Rien de plus qu'une douleur au ventre qui ne saura que de peu atténuer la douleur de l'âme.

Des jours sombres où les rêves de la nuit éclaircissent les reflets d'un avenir meilleur.

Une imagination débordante, une lubie débridante.

L'enfant ouvrit les yeux, elle tressaillit.
Face à elle se tenait un dragon noir aux prunelles rouge sang. Le monstre ouvrit sa gueule et laissa apparaître plusieurs rangées de dents blanches comme l'ivoire.
Le dragon s'éleva dans les airs, un nuage de cendres s'échappa de ses naseaux.

L'enfant hurla, la terreur put se lire dans ses yeux bleus.
D'immenses flammes orangées l'encerclaient, elle ne pouvait plus bouger.
Prisonnière de son corps, la petite fille laissa les sanglots l'envahir.
Les larmes ruisselant sur ses joues brillaient tels les joyaux d'une couronne.

Dans le ciel noir, une étoile scintillait, une lueur d'espoir.
Soudain, un Lutin traversa les flammes, s'arrêta face à l'enfant et posa ses mains sur ses épaules.
« Ferme les yeux, et imagine !
Ce dragon n'a rien de terrifiant avec ses écailles roses et ses yeux émeraude, il sourit !
Ne l'avais-tu pas remarqué ?
Invente ! Ses ailes sont en soie !
Toutes ses flammes sont en réalité des plantes magnifiques ! »

Ses paroles s'envolèrent et réchauffèrent le cœur de l'enfant et le monde qui les entourait.
Tulipes, roses, tournesols, mimosas, coquelicots, la terre poussiéreuse se transforma en un immense jardin où papillons et coccinelles s'envolaient par milliers.

Dans le ciel devenu bleu, un arc-en-ciel nous dévoila ses plus belles couleurs.

« Ne crains rien, ton cauchemar est devenu un rêve, je suis là et je veillerai sur toi...
Je suis ton sauveur de rêves. »

Le Carré et le Trapèze s'en vont gaiement papillonner vers leurs prochaines acquisitions.
« Je suis seule. »
Le sang du Rond ne fait qu'un tour, bouillonne, tourbillonne faisant valdinguer la Villa Géométrique.
Toutes ces choses parfaites ne sont qu'un mirage trompant les âmes errantes de nos vies désertiques.
« Je suis seule. »
Une fois de plus, le Rond déserte.
Une fois de plus, les Uniformes ne sont pas là.
« Je suis seule. »
Le Rond longe la Seine, loin des scènes de ménage, loin des mirages.
« Avec un peu de chance, peut-être que je pourrais atteindre la mer. »
Espoir.
Avance la tête haute.
Quelques heures passent où les pas l'emmènent vers le Prince sans principes.
« Oui, tu peux rester ici, tout va bien se passer. »
Mais le Prince n'a que faire du calvaire d'une passagère,
En un coup de fil, il y participe.
Le Carré et le Trapèze finissent par arriver.
Ils avancent d'un pied ferme.
Le Prince referme une dernière fois sa porte,
Honte. Trahison. Destruction.

L'Uniforme se pointa dans la Villa Géométrique.
« Mets un gilet », ordonna le Carré.

L'Uniforme avait de quoi rivaliser avec le Rond : tous deux vêtus de bleu.
Tandis que pour l'un, un gilet pare-balles pouvait le protéger.
Pour l'autre, un gilet en laine pouvait le camoufler.

Le Rond se fit réprimander par l'Uniforme.
« Tout ce temps perdu » qu'il disait, ils avaient « mieux à faire que de s'occuper d'une affaire comme ça ».

Je ne suis pas une affaire.

La rumeur ne s'était pas fait attendre.
Fille de la folle.
Dans l'établissement établissant une fonction d'apprentissage à l'obéissance, tout le monde était au courant.
Folle.
« Personne ne m'aime, mais tout le monde parle de moi, je suis populaire à ma façon ! »

J'arpente les couloirs sombres, la tête basse.
Un verre d'eau reçu par ici, quelques moqueries envoyées par là, et tous ceux qui chuchotent lorsque mes pas les dépassent, lorsque mes mots les embarrassent.
Je ramasse ma fierté à la petite cuillère.
Je rêvasse sans cesse, ma carcasse molasse débarrasse la classe.
« L'imperfection est beauté, la folie est génie et il vaut mieux être totalement ridicule que totalement ennuyeux. »

J'attends que la vie passe.

Intimité intimidante

Anba latè, pa ni plézi.
(Sous terre, il n'y a pas de plaisir.)
Proverbe créole

Rouge, cette nuisette, que le Carré offre au Rond,
Avec ce discours, cette parade qu'elle apprend alors :
Il te faut plaire à un homme,
Satisfaire ses désirs ; devenir... irrésistible,
Le rendre moineaux, devenir irremplaçable,
Briser ses ailes et le laisser picorer tes restes
L'amour, c'est pour les faibles,
Sois belle et fais-le taire.
Pour que jamais il n'ose s'échapper
Pour que toujours cet otage soit tien,
Pour que la solitude soit loin.

Le Rond devient une femme,
En son sein, elle veut plaire,
Plaire à tout prix,
Elle en paie de son respect,
De son amour,
De son corps,
De son énergie.
Plaire à tout prix.

Une photo nue, à un homme,
Elle se sent seule
Dans cette famille de Polygones aux coins aigus,
Attirant les regards des hommes,
Le Rond se sent toujours seule,

Elle offre son corps à un homme,
Devenu objet de troc à l'amour.
Elle se sent toujours seule,
Puis un autre, et un autre et d'autres encore
Elle se sent affreusement seule.

Et le Rond baisse la tête,
Autour d'elle, les murs de la Villa Géométrique sont rouges,
Elle se sent prisonnière,
Tout est inspecté, le Carré fouinant dans les affaires du Rond
Découvre tout cela,
Quelques émotions remontent, elle est affolée, dégoûtée,
Quelques démons la hantent,
L'image parfaite de la famille parfaite qu'elle a bâtie à travers les années
est mise en danger

Cache-toi, ton corps est dégoûtant,
Honte sur toi, tes actes sont répugnants,
Blâme-toi, déteste-toi, n'existe pas.

Un autre instant, le Carré balance encore un autre discours ;
Rejetant ses démons dans les douves de son château fort.
Et d'un seul coup la sexualité devient tabou
Et le Rond, seule, se tient debout.
Devant la porte dont elle n'a pas les clefs ;

Et le Rond lève la tête
Un hublot au plafond de sa chambre a été installé,
Au-dessus d'elle, sur la terrasse, devant le ciel,
Le Carré l'observe.

Le Jeu de Cartes

Le pardon est la plus belle fleur de la victoire.
Proverbe arabe

Des fois, nous nous sentons comme dans un jeu de société, nous avançons case par case ne sachant pas quelles cartes vont sortir.
Entre le Rond et le Carré, se crée un jeu articulé par des mots fleuris, des mots piquants, des mots doux, des mots fous.
Un combat acharné d'existence, de puissance, de défis, des raccourcis pour fuir ou subir.
Quelques atouts en main, une défausse inégale.
Une bataille, explosant résultant de cette hargne de vitalité, cette hargne de sécurité.
Pour que, au final, personne ne gagne.

Premières cartes jetées par le Carré :
« Sois forte. Tiens-toi droite ! »
Le petit Rond ne doit pas être vulnérable, elle veut prouver au Carré qu'elle est forte, elle mérite son Amour, elle désire cet Amour. Elle lève la tête parce qu'elle souhaite montrer qu'elle est forte.
« Baisse la Tête. »
Domination ; avec un pic, le Carré l'écrase.
Regard au sol, pleine de culpabilité, le petit Rond se sent mauvaise, elle n'a pas été assez forte, elle ne mérite pas de recevoir l'Amour.
« Ce sont les faibles qui pleurent. » Brelan gagnant du Carré…
Les larmes emplies de haine, de peurs, les larmes sans cesse roulent le long des joues du petit Rond. Brouillant la vue, brouillant l'estime, la faiblesse ressentie transparaît dans chaque onde du petit Rond.

Elle rayonne la faiblesse, de par ses mots, ses actes, son regard, sa mouvance.
Elle attire la faiblesse.
« Regarde-moi quand je te parle. »
Le petit Rond relève la tête, observe le Carré. Souhaitant lui aussi être entendu quand il s'exprime, ne sachant encore comment l'exprimer.

Puis le Rond s'élève, s'impose, implose, explose. Elle prend de la place, elle récupère sa place.
La partie n'est pas finie. « Laisse-moi tranquille. »
Une demande, mal exprimée, qui jaillit comme une lame lors d'un combat de guerrières.
Le Carré a cette croyance infinie qu'elle est seule dans ce monde. « Je n'ai besoin de personne. » « La vie est dure, les gens sont mauvais. Dans la vie, tu ne peux faire confiance à personne, tu ne peux compter que sur toi-même. »
Elle n'entend pas. « Laisse-moi respirer, vivre ma vie, je veux exister ! Je veux que ma lumière éclaire ma vie ! »
Cette carte résonne dans son cœur : « Je t'abandonne. »
Ni une ni deux, bouclier dans une main, elle tire sa dernière carte. « Dégage. »

Au cœur de la nuit silencieuse.
Dans ce noir rassurant où l'imagination pouvait créer des mondes fabuleux.
L'âme brisée, l'amour propre égaré.
Le Rond passa un pacte avec le Lutin :
« Il faut que je fasse quelque chose d'extraordinaire. »
Et se faisant saigner la peau, elle conclut :
« Je dois partir. »
Ses yeux se refermèrent, et le Lutin intrépide s'avança dans la nuit, pour déposer une Petite Clef Rose au creux de sa paume dont les gouttes de sang rouges perlaient.
« Tu as vécu, compris, maintenant, avance. »

* * *

Le Carré apprend chaque jour à s'aimer, petit pas par petit pas, elle réalise que sa peur de l'abandon a fini par créer de la distance avec tous les êtres qui lui étaient chers.
Le Rond vit les mêmes tourments. Telle mère telle fille ?

Quelques années plus tard, on reprend le jeu de cartes interrompu par l'explosion. Le Carré tire un trèfle :
« Connais-tu le poème *Le Train de ma vie* de Jean d'Ormesson ? »
Le Carré dont les coins se sont adoucis avec l'âge raconte ce poème :
« C'est une belle métaphore, disant que la vie est telle un train, qui avance tranquillement. Dans ces wagons, il y a des voyageurs qui montent, jouant aux cartes eux aussi, puis descendent. J'ai l'impression que tu es descendu de mon train, je ne te connais plus, j'aimerai savoir qui est ma fille, qui elle aime, ce qui la fait rire. J'aimerai que l'on retrouve notre chemin. »
Le Rond tire une carte, un cœur. L'observe, respire puis annonce :
« Maman, j'aimerais réussir à te faire monter dans mon train, je travaille dessus chaque jour, mais la colère emplit mon âme et je ne sais comment faire pour l'instant. Aide-moi. »

La main du Carré tremble, elle flambe ses dernières ressources :
« Je me cherche encore, je veux prendre soin de moi. Je te promets que nous travaillerons ensemble sur nos colères lorsque je saurais m'aimer. »

Une promesse d'une médiation,
Deux voyageuses pour un nouveau départ.
Nous suivrons notre destination,
Les douleurs se réparent.

Une promesse de voyage,
Nous sommes tous nés en un lieu,
Avec de nombreux bagages,
Présents depuis nos aïeux,

Une promesse de changement,
Dans ce train à l'allure folle,
Avons-nous le temps,
De prendre notre envol ?

Une promesse de bonheur,
Nos épaules déchargées,
Nous guérirons nos peurs,
Nos âmes délivrées.

L'Uniforme

Si vous ressentez vos chaînes, vous êtes déjà à moitié libres.
Proverbe anglais

« Mais tu peux pas fermer ta putain de gueule et arrêter de lui répondre pour qu'elle nous laisse enfin tranquilles ?! »
Coup de poing. Le Rond tombe au sol, assommée.

Les images sont floues, les sons divaguent, la lumière est engourdie.
Le Rond ouvre les yeux.
Le Trapèze et le Carré haussent le ton dans la pièce d'à côté.
Le Rond se relève.
Le Carré égaré hurle sur le Trapèze.
Le Rond grimpe les escaliers.
Le Trapèze fourvoyé hurle sur le Carré.

Le Rond attrape le téléphone, appel de détresse à une âme corrompue par l'aigreur de sa vie.
Cette dernière n'a que faire du calvaire d'une passagère, en un coup de fil, elle y participe.
Le Rond n'avait pas imaginé une suite si tragique.
L'Uniforme arrive.
Panique dans la Villa.

Retournement de situation,
Dans cette Villa parfaite,
Parfaitement rangée.
Parfaitement propre.
Parfaitement ordonnée.
L'Uniforme arrive.

Lorsqu'on a 18 ans et que l'on grandit dans cet environnement, l'Uniforme représente la sécurité.
Lorsqu'on a peur, qu'on se sent perdu, et en difficulté, l'Uniforme représente la stabilité.
Lorsqu'on est bafoué, humilié, pétrifié…
L'Uniforme représente la sûreté.

Mais deux Uniformes qui débarquent à une heure si avancée dans une Villa si parfaite, cela fait tache.
Comme un chewing-gum qui ne veut pas se décoller.
Panique dans la Villa.
Comme du café sur un tissu de mensonges dorés.
Panique dans la Villa.
Comme de la rouille s'effritant de nos mots ankylosés, que l'eau sous les ponts n'aurait pas su laver.
Panique dans la Villa. Cela fait tache.

Pas de prince charmant, qui triompherait avec panache sur son azabache.
Au lieu de cela, exécution d'un plan d'intervention dénué de bon sens ; ils ne cherchent pas à dénouer la situation, mais à se débarrasser rapidement d'une affaire qui a interrompu leur sieste nocturne.
Je ne suis pas une affaire.

L'Uniforme qui pointe son jugement de ces gros doigts crasseux :
« Tu es une adulte, c'est toi qui décides. »
Le Carré qui vomit son dégoût qu'une tache telle que le Rond vienne troubler son contrôle :
« Si tu dégages, tu ne remets plus les pieds ici. »
Le Rond qui frotte sur son dos le martinet de la culpabilité, puis qui déploie ses ailes pour s'envoler, exauçant ainsi un souhait tant de fois prié :

« Je m'en vais. »

Et le Trapèze qui s'était affaissé n'ayant jamais trop su comment se mouler, ne voulant pas trop se mouiller, ne fit rien.

Et l'Étoile qui tenta de rentrer dans une case, voulant bien trop être acceptée, ne dit rien.

Et le petit Losange qui ne savait pas trop comment se mouvoir dans cette géométrie dysfonctionnelle ne vit rien.

Le Rond suivit d'un pas fébrile les deux Uniformes.
Ayant attrapé au vol quelques trésors des temps passés, une paire de baskets aux pieds et un gilet pour s'emmitoufler.

Dans cette nuit hivernale, le Carré, le Trapèze, l'Étoile et le Losange regardent par la fenêtre le Rond s'en aller.

Nous nous sommes perdus. Soir après soir, jour après jour. Et cela fait bien plus longtemps qu'on ne veut bien se l'accorder.

Le Rond grimpe dans la voiture. Les portes se ferment à clef. La grille qui la sépare des Uniformes ne la rassure guère. Ils n'en ont que faire d'un Polygone perdu.
Personne ne réalise l'ampleur de cette soirée. Tout s'est passé si vite.
Ils discutent entre eux : « Bof, c'est juste une gamine qui s'est pris une baffe, quoi ! »

Eux aussi se sont laissé entourlouper par cette Villa Géométrique, bien trop parfaite pour y héberger des soucis avariés.

Les Uniformes, corrompus par leurs préjugés, débarquent au commissariat,

Déposent le Rond sur un banc froid.

Et s'en vont.

Pas de sécurité.
Pas de stabilité.
Pas de sûreté.

Une tache d'encre dans la nuit, un faux-semblant de liberté caché sous quelques angoisses bien ancrées, et nulle part où aller.

S'ensuivit une course effrénée d'un endroit où crécher.

Crachant à qui veut bien l'entendre toute sa colère contre ce monde.

Le chemin tourbillonnait, le vent dansait dans les cheveux du Rond qui courait à travers la vie, fuyant son passé sanglant, rejoignant son avenir.

Le soleil brillait sur la neige, recouvrant les feuillages.

Les oiseaux, ceux qui n'avaient pas encore quitté le pays, virevoltaient dans les airs.

Le monde était libre, elle était libre.

Transformation

D'échelon en échelon, on grimpe à l'échelle.
Proverbe breton

Autour de moi, tout n'est que néant.
Sombre, le ciel sans étoiles me recouvre.
Passé, présent, futur. Moi, les autres. Il n'y a plus rien.
Comme un malaise qui n'en finit plus.
Les sons lourds, mon corps vide, mon esprit lointain.
Les sons lointains, mon corps lourd, mon esprit vide.
Les sons vides, mon corps lointain, mon esprit lourd.
Tout se mélange.

Au fond du gouffre, je ne veux pas tomber plus bas.
Les petits Lutins se réunissent autour de moi. Oppressants.

Je suis face à l'échelle, hésitante, qu'y a-t-il là haut pour moi ?
Suis-je capable d'aller aussi loin ?
Des hurlements retentissent dans mes oreilles, la foule se déchaîne.
On me pousse contre l'échelle, la vie est pleine de choix, j'ai eu le choix ;
Rester ou partir.
Je sens qu'il n'y a plus rien pour moi ici, et je me cramponne à l'échelle.
Les barreaux s'avèrent fragiles, les vertiges reprennent, je ne peux aller plus loin.
Les petits Lutins me tirent corps et âme.
Une main attrape la mienne et me hisse sur un strapontin.

« Envole-toi vers tes rêves. »
Telle une funambule sur son fil.
Je veux atteindre mon but, chaque pas m'en approche, je regarde droit devant et ne peux me retourner. À chaque avancée un nouveau but, une nouvelle approche et, droit devant, j'avance.

S'arrêter, c'est risquer la chute.

Le fil est fin, le vide est grand, je me sens seule.
J'apprends à me tenir debout, j'apprends à regarder aussi loin que l'altitude me le permet.
Un à un, je pose mes pas, mes valeurs, mes besoins, mes envies, j'avance sur la vie.
Je recherche la stabilité, la solitude, là-haut sur mon fil translucide, tout en ayant peur de tout cela.
J'écoute mon cœur.

Le fil glisse sous mes pas, je le vois à peine. Résilience, persévérance, renaissance.
La vie est pleine de choix ; j'ai eu le choix, me concentrer sur moi ou sur les autres.
Toute cette Géométrie Dysfonctionnelle ne me donnant que l'envie de ne plus exister.
Et la foule de Lutins angoissants, hurlants toujours sous mes pas, dans mon cœur.
Une décision dure à prendre, transformer toute cette énergie pour en découvrir une nouvelle, inconnue, inquiétante mais magique.

J'ai décidé que ma vie serait une aventure.
Au bout du fil translucide, une porte rouillée menaçant de s'effondrer.
Cela fait bien longtemps qu'elle m'attend.
Je pris la Petite Clef Rose et l'entrouvris.
D'un pas timide, je m'avançai vers ma nouvelle vie.
Je découvris l'amour, la confiance, les rires, le bleu apaisant du ciel s'épanouit autour de moi.
L'unique lumière du ciel.

On attire ce que l'on rayonne.

Tout se transforma. Renaissance de chaque instant.
Mes larmes jadis emplies de haine, de peurs, disparaissent.
Mes larmes pleines de bonheur, de tendresse, virent le jour.

Il y a dans toutes les mains du monde, des pinceaux, et chacun choisit d'y mettre les couleurs qu'il souhaite. Je compris alors que mon monde n'était pas devenu noir par hasard, j'avais fait le choix de le voir noir, je pouvais donc faire le choix de le gommer et de voir en chaque chose un blanc étincelant, une couleur pétillante.
Que chaque obstacle serait une bénédiction, une raison de plus pour avancer ; il y a tant à faire, tant à découvrir ; je veux retenir une expérience de chaque instant.

Rouge, cette douleur qui m'entourait sans cesse, dans le regard et les mots, dans le sang et le silence. Cette couleur qui me tuait, nourrissant mon petit Lutin, envahissante, étouffante, prit une teinte rosée. Je choisis de la transformer pour la rendre plus forte, saisissante, captivante.
Je compris alors que le changement n'avait plus rien d'effrayant.

La vie est pleine de choix ; j'ai eu le choix, j'ai fait un choix.
Tout autour de moi, tout avait disparu.
Je ne pouvais alors que créer ce que je désirais, sans aucune limite.
Ma plume se lança dans une nouvelle odyssée.

Se mirer dans le fond d'un verre détrempé

Le vin est de l'eau emplie de soleil.
Galilée

Sous ses pas, la neige se cristallisait.
Sous ses yeux, le fil doré de la liberté disparaissait.
Sous ses airs de jeune fille, une femme naissait.

Une quête journalière d'un endroit pour crécher.

Les doigts bleus, le nez rouge, les lèvres craquelantes, en un clin d'œil.
Un coup de main, un coup de hanche, les lèvres tremblantes, sans froid aux yeux.
Les poings serrés, cramée, cernée, les lèvres hurlantes, ça crève les yeux.

Les menottes sont tombées.

Une liberté non contrôlée, des petits pas semés de bûches.
L'alcool, la drogue, le sexe.
Le Rond se découvrait. Dans la tentation extrême, les déboires.
Le Rond apprit à se regarder.
Et le chaton apeuré qui baissait le regard s'est observé dans un miroir d'énergie, de changement. Il a vu, il a su. Il est devenu un lion.
Et ce Rond toujours coupable, empli de larmes, comprit qu'elle possédait une puissance qu'il lui fallait dompter. Elle s'en alla vagabonder au-delà des rivages naufrages pour y trouver d'autres blondes campagnes :

Nous sommes installés là, insouciants.
5 verres. Le soleil.
Sans pression, ensemble dans ce moment.
Ivres de nos rencontres, de nos partages.
On souhaiterait que cet instant dure toujours,
Loin du tumulte de nos vies.
Nous sommes tous un peu brisés.
La musique bat son plein, anodine cette rencontre, anodin ce partage, cet instant.
Éclats de voix, éclats de verre.
Une bulle qui pétille dans le whisky,
Plus de lumière dans le regard.
Morceaux d'âme à l'agonie.

Tourne le monde, tournoient les étoiles,
Tourne ton monde, ne te retourne pas.
Tout tourne et tu ne vois plus rien,
Tu ne fais plus attention aux remarques, les yeux humides, la gorge sèche,
Tu tentes de hurler !
Tu souhaites qu'on te vienne en aide,
Mais tu ne te donnes même pas la peine
De demander.
Les mains saignées !
Tu veux montrer au monde entier
Les blessures que tu caches en toi, mais tu as honte.
Ça tourne, tourne.
Tourne de l'œil, et vomis ton dégoût.

Bleu. L'Uniforme qui s'est pointé, pointant du doigt ma décadence.
Rose. Ma robe étincelante.
Quelques paroles échangées, quelques menaces encaissées.
De l'aide ? Non. Du jugement.
Et la colère !
La colère énorme contre ce monde.
Gris. Le ciel, les nuages, le sol de mon appartement.
Collant. Des bas noirs dans mon dressing pour accompagner mes robes étincelantes.

Le sol de mon appartement, fatigué de ma vie, qui avait une fois de plus tout juste survécu à une soirée bien arrosée.
Arrosée. Le ciel brumeux qui crachait sa vision du monde à qui se trouvait en deçà de là.
Ma robe de cette soirée-là avait bu presque autant que moi.
Imbibée que j'étais, la mémoire s'en était allée.

Je remets sans cesse ma conquête du monde entre les mains du ciel du lendemain. Et je bois.
J'aime l'atmosphère nuageuse dans laquelle je passe mes journées, où chaque minute est à sa place et où mon crâne reste silencieux. Et je bois.
Je me réfugie dans un sentiment de solitude où mes rêves n'ont plus leur place. Et je bois.
Je cumule les nuits blanches et les journées de trous noirs. Et je bois.

L'alcoolisme.

Un problème bien trop banalisé pour être pris au sérieux par notre société.

Lorsque le Rond s'est retrouvé libéré de la Villa Géométrique, il s'en est allé danser sous les projecteurs de Paris. Fébrile, ne sachant pas poser un pied devant l'autre sans tituber. L'alcool lui a donné le pouvoir de ne plus faire attention au regard des autres, n'ayant même plus de regard pour elle-même.

La vie nocturne l'emmène à droite à gauche ; au tournant d'une ruelle, le Rond rencontre des bras chaleureusement éphémères qui lui offrent une nuit de réconfort. Et le Rond boit.

Oublier pour ne plus penser, oublier jusqu'à son propre nom, oublier ce que veut dire le mot sentiment, aussi bien l'amour que la souffrance.
À l'époque, le petit Rond se réfugiait dans les livres, toujours dans la lune à attendre que le temps passe.
À ce jour, le Rond s'enfuit sous la lune à espérer des jours meilleurs.

Merci à toi,
Déesse de l’amour,

Talentueuse oratrice,
Qui le temps d’un instant,
S’aligne
Trouve son équilibre

Pose des mots sur son désaccord,
En a pris possession
Et m’offrant son pardon,
Et toute sa confiance,
De son âme d’enfance,

M’a alors confié
Une Clef Émeraude.

Trésors de la vie

Ce qui est passé a fui ; ce que tu espères est absent ;
mais le présent est à toi.
Proverbe arabe

Or du temps.
Trésors de la vie, pour être parcourue,
Richesse du temps qui passe.

Cette danse rythmée dans les ruelles parisiennes,
Cette douceur de la liberté de ses pas,
Le temps est un cadeau.

Nos pas feutrés traversent la ville, nous menant lors de ces nuits parisiennes,
À la rencontre de notre intimité, de notre sexualité.
On arrive dans cette allée sombre, peu fréquentée à cette heure tardive.
On s'arrête devant une porte noire, tous les soirs, on se sent pétillantes.
Des néons jadis lumineux, là surplombent tristement.

On sonne comme à notre habitude, chacune vêtue de notre tenue la plus séduisante.
Laissant succomber quiconque portant un regard sur nos corps.
Nous faisant aimer notre silhouette au détour d'un miroir.
Pour plaire, le temps d'une nuit, épier les sourires charmeurs.
On se dénude.
Quelle expérience succulente que ces nuits de liberté, où le tabou reste au vestiaire,
où chacun se pare comme il lui plaît de qualités, d'idées ;

Un univers où chacun a le choix de jouer son propre rôle.

On y croise des femmes d'un autre temps,
Qui n'ont pas peur du qu'en-dira-t-on,
Qui font bien ce qui leur plaît, de leurs mots, de leurs corps, de leurs pensées,
on y croise des femmes resplendissantes, qui se montrent pleines d'assurance,
Et on se surprend même, le temps d'une soirée, d'être l'une d'entre elles.

On y croise des hommes à contre courant, qui n'ont pas peur de leur douceur, qui brisent leur armure de leurs mots, de leur corps, de leurs pensées, on y croise des messieurs époustouflants, qui se montrent authentiquement, et on se surprend même, le temps d'une nuit, d'être parmi eux.

Quelle expérience saisissante que ces nuits enflammées.
Une coupe de whisky dans une main, laissant l'autre virevolter dans les airs au rythme du temps endiablé.
Quelle expérience enrichissante que les discours de ces hommes et ces femmes qui osent sortir du cadre !

Qui partagent, les yeux pleins de trésors, leur parcours hors du temps.
Une autre vision de l'humain.
Une autre vision des relations.
Une autre vision de l'amour.

Et cette danse devient macabre, mécanique, diabolique,
Le regard est flouté par les effluves alcoolisés,
Et le corps est lourd, épuisé par ce rythme effréné,
Et les pensées de son jardin sont noires,

C'est plus simple de ne pas voir clair,
Tout est si sombre, lorsqu'on offre notre corps à tous.
C'est plus simple de ne pas sentir,
Hors du corps,
Trésors de la vie, pour être vécue,
Le corps du Rond est précieux.

Cette danse du corps merveilleux de la femme sensuelle,
Cette douceur des caresses.
Son corps est un cadeau.

Au lion d'or qui surplombait jusqu'alors ces monts et merveilles.
Réveille toi !
Oh, châtiment sur ton corps, bâillonné, qui devait se cacher
Regarde-toi !
À genoux, les mains sur la tête, ne pouvant plus bouger,
Lève-toi !
Cette pensée impure, tu te dois la bannir !
Aime ton corps !
Et que la dissonance commence !

Outrance de la femme qui ose dévoiler son corps,
Qui ose exister dans l'univers,
Être nue face à un homme, une femme,
Être nue,
Être,
Défiant les mœurs qui enferment la femme,
Défiant les croyances enfermées dans son corps,
Qui ose partager, se toucher, échanger,
L'amour que nous offrons à nos corps.
N'avoir plus peur du regard de l'autre,
Heureuse d'être dans cette vie,
Dans ce corps.

Or du cœur,
Trésors de la vie, pour être partagée,
Le cœur du Rond peut s'aimer,

Chaleureuse chartreuse, une odeur de pin remplit ses narines,
épineuse situation.
À travers les bois, elle aperçoit l'amour qui fige l'instant,
Vibration,
Quelle est cette croyance qui la prend aux racines ?
Lui faisant parcourir un étrange chemin,
Elle regarde les cieux et voit l'amour,
Elle veut croire en l'amour.

Cherchant dans chaque regard un peu d'amour à glisser dans son outre.

Quel est ce feu qui enflamme jusqu'au plus profond de son âme ?
Cette âme d'amadou.

Or de l'âme,
Trésors de la vie pour être pardonnée,
Les blessures peuvent être guéries,

Et c'est un jeu de chaque instant, d'être dans son corps, pleine d'amour, pour guérir.

La Villa Fleurie

Ne cherchez pas la nature de l'Esprit, mais plutôt l'esprit de la Nature.
Proverbe belge

« Je ne sais plus où aller. »
Ni une ni deux, le Cœur l'accueille dans sa Villa Fleurie.

La porte bleue s'ouvre, le Rond s'avance d'un pas dans cet univers parallèle, où l'eau pour nourrir les doux jardins de mots n'est autre qu'un fleuve d'amour, un lac d'écoute, une pluie de confiance et de partage.

Ce Rond, dans un état d'anhydrobiose, ignorant tout des dialectes de cette tribu, trébuche, chavire, et paradoxalement, finit par sombrer dans un torrent de larmes.
Pris d'anoxie sévère, il suffoque.
Comment sortir de cet embrouillamini de souffles coupés, de crises d'angoisse, de barrages ténébreux ?
Comment respirer à son aise dans un univers où la mer répète sans cesse « Nous sommes bien mieux sans toi. » ?
Comment sortir la tête de l'eau, quand les marécages paraissent si profonds et que les vagues visqueuses le tirent vers le fond ?
L'anhydrobiose est un processus difficile, et l'anoxie ne l'est pas moins. Beaucoup y succombent, mais cela serait sans compter sur l'atmosphère bienveillante qui règne en ces lieux.

Dans cette Villa Fleurie, les émotions ne sont pas devenues tabous, elles sont parmi nous, on organise des feux de joie où elles explosent, sont accueillies, entendues, puis acceptées.

Chacun des membres de cette Tribu danse près des flammes, ensemble dans cette valse fantasque où chacun crée le pas dont l'autre a besoin.

Et le Rond danse, danse, danse.

Des lucioles pleines d'espoir virevoltent parmi nous, font pétiller nos yeux et éclairent nos rêves. Elles sèment ci et là des graines. Il nous suffit de suivre le chemin.

« Envole-toi vers tes rêves. »

Comment le Rond aptère pourrait-il s'envoler sans risquer de s'écraser encore ?
Mais cela serait sans compter sur la présence du Cœur.

Le Cœur de cette Villa Fleurie rayonne par-dessus monts et merveilles.
Elle accompagne les cascades de toute la Tribu, allume les feux de joie pour que nous puissions danser, convoque les lucioles pour qu'elles restent près de nous, nous offre l'opportunité de nous épanouir à l'abri des regards curieux.
Elle est l'origine de cet univers apaisant, créant l'énergie qui nous unit.

Dans cette Villa Fleurie, nous avons chacun un jardin.
Le Trèfle évolue au milieu de fleurs magnifiques, dont il prend soin chaque jour : des bleuets par ici, des boutons d'or par là, une multitude de passions et de pensées qu'il arrose de son empathie, de son doux regard et de sa somptueuse délicatesse dans le choix de ses mots.
Il est doué et épate la galerie grâce à la vitesse à laquelle ses fleurs s'épanouissent.
Son jardin est calme, il aime s'y allonger pour lire, confectionner les prochaines blagues qui feront sensation au dîner de ce soir, et en profite parfois pour jouer de la musique.

Le Triangle quant à lui est un fin créateur. Il a imaginé, puis confectionné une forêt d'une élégance sans pareil, où ses souvenirs sont exposés tels des trophés sur les branches qu'il a su grimper, où ses envies sont affirmées et mises en valeurs sur le bois stable qui l'entoure, où petit pas par petit pas, il suit son chemin en suivant les plans qu'il a su dessiner.

Lorsqu'on grimpe la colline, on aperçoit au loin le cocon du Cœur, une capsule dont les graines intemporelles éclosent chaque jour.
Développant ainsi une harmonie de plantes pleines de créativité, d'inspiration, une effervescence de motivation.
Participant ainsi à l'accomplissement d'une multitude de grandioses projets de sagesse.
Le Cœur fait partie de ces femmes indépendantes, puissantes, qui n'ont pas peur d'avoir peur.
Le Cœur est magnifique pour ce qu'elle est, transforme, accepte, diffuse, pour tout ce qu'elle rayonne.

Pour les plus téméraires, qui oseront s'aventurer plus loin encore dans cet univers qu'est la Villa Fleurie, une légende raconte qu'il est possible de découvrir une jungle.
Car cet être unique et rare qu'est l'Icosaèdre s'accomplit par des expéditions exaltantes.
Dans ce climat proche des tropiques, de magnifiques arbres ont pris racines laissant grandir les fougueuses fougères préparant le dessin d'un fabuleux destin à de glorieux desseins. Sur ces terres riches de tant d'ambitions, des lianes viennent livrer de somptueuses idées qui nourrissent l'Icosaèdre d'un élan ardant d'inspiration.

Le Rond, ayant trop longtemps dû enfermer tous ses maux au fond de grottes inextricables, découvre son jardin secret et s'exclame enfin.
La Tribu entend au loin la puissance de son rire.

Autour de nos carnets

La plume donne des ailes.

Icosaèdre, dotée de multiples facettes, d'une clairvoyance épatante.
Du haut de ses 12 ans, l'Icosaèdre partage ses douleurs à un Rond bien cabossé.
Et le Rond se confesse.
Le Rond à 17 ans ; quelle est cette chose étrange que de trouver une alliée aussi jeune ?
Tant de connaissances et de qualités dans un bout de femme si précoce.

Mal de tête, maux du cœur, mal dans leur peau, le Rond et l'Icosaèdre déversent tous les mots de leurs maux sur des bouts de papier.
Autour de leurs carnets, témoins de tout cela sans aucun préjugé ni avant, ni pendant, ni jamais jusque-là.
Autour de leurs cahiers, ensemble, elles laissent leurs peines s'échapper, se comprennent et apprennent beaucoup l'une de l'autre.

Dans ce carnet, voici ce qu'éprouvait le Rond en cet instant :
Les obstacles se sont les mots.
La peinture s'écaille, usée par le temps. Les mots sont emmurés.
Enfermés pour toujours dans ce cœur que la pierre avait envahie
« Pour ne plus souffrir, ne plus rien ressentir » se disait-elle sans cesse.
Chaque jour, elle se sentait plus lourde ; chaque jour, elle enfouissait en elle les mots qu'elle ne pouvait prononcer.

Ne sachant que dire, elle s'inclinait, choisissant le silence face à l'obstacle qu'était la faiblesse de ses mots.
Ils ne pouvaient représenter fidèlement le sentiment qu'éprouvait la jeune femme, ils étaient inutiles, comme un lourd fardeau.
Ils étaient faibles.
Mais les briques se faisaient rares ; il lui fallait construire de nouveaux murs, car les mots se faisaient plus pressants, tous ces mots absurdes de plus en plus nombreux.
Mais les briques se faisaient rares, et les mots attaquèrent en masse l'âme perdue, et quelques-uns réussirent à s'échapper.
« Je n'en peux plus. »
Personne ne voulut entendre ces paroles parasites.
« J'ai mal. »
Personne ne voulut comprendre ce message abstrait.

La jeune femme ne savait plus quoi faire, aussi impuissante que ses mots, elle n'en pouvait plus de devoir les garder pour elle.
Tout cela parce qu'aucun mot ne pouvait convenir à ce qu'elle ressentait.
Ils continuèrent de s'accumuler au creux de sa gorge, s'échappaient parfois mais ne touchaient personne.

Une brique explosa, les murs s'effondrèrent.
Elle eut si mal au cœur que son premier réflexe fut de hurler.
Elle hurla un son sans syllabes. Ce n'était pas un mot, mais tout était clair.
Puis le silence revint.
La jeune femme vidée se releva sans peine.
Elle se sentit légère, son cœur était libéré.
Elle était libre.

L'Icosaèdre s'indigne : « Mais pourquoi restes-tu chez toi ? »
Elle ne fait que poser des mots sur un rêve inimaginable à l'époque.
« Je ne peux pas partir. »

Et quelques mois plus tard, la vie finit par exaucer ce souhait.
Alors que le Rond a déjà fait le tour de Paris à la recherche d'un petit nid, perdue, ne sachant que faire, elle prend son courage à deux mains et demande de l'aide.

Elle appelle l'Icosaèdre.
« Mes parents m'ont mise dehors... Je ne sais plus où aller. »
Ni une ni deux, le Cœur l'accueille dans sa Villa Fleurie.

L'Icosaèdre et le Rond pleines de vie sont à la recherche d'aventures, souhaitant de tout cœur créer du lien social, se mouvoir dans la société sans attiser les regards curieux.
Deux enfants indigos qui, tels des Playmobils désarticulés, déambulent dans des voies sans issue.
Elles s'accrochent l'une à l'autre.
Les voilà parties dans des expéditions hasardeuses. Drôle d'épopée que cette odyssée !
Et de jour en jour, d'aventure en mésaventure, les voilà qui grandissent, s'éveillent.
Toutes ces quêtes de réponses, ces péripéties victorieuses pour enfin comprendre.

Le Cœur qui suit tout cela d'un doux regard, les épaule et les accompagne avec toute la puissance qu'elle possède, elle leur offre réconfort, amour et soutien.

Toutes mes grandes questions d'adulte finissent par créer ma vérité.
Celle que je te partage aujourd'hui à travers ta lecture.

Mais en créant cet espace stable de sécurité via notre amitié, nous voilà emprises d'un trouble inexplicable, nous sommes sœurs, amies, complices.
Et voilà que tu deviens le pilier central de ma vie.

Dans mon monde, les émotions sont comme des boules d'énergie.
Tout est intense, tout prend des proportions disproportionnées.

Cette amitié qui m'avait tant aidée, vient nourrir ma plus grande peur.
Et cette déesse qui fut altesse devint diablesse de mes faiblesses.
La boucle infernale de la dépendance affective se referme de nouveau sur moi, et cette peur, cette peur immense de te

perdre, que tu disparaisses et m'abandonnes comme tous ceux que j'ai aimés jusqu'alors.
Je me presse, sans allégresse et sans aucune délicatesse. Je te compresse dans ma détresse.

Cette peur de l'abandon, cette jalousie viscérale qui m'a bouffé les tripes, et cette violence. Dans mon monde, tout prend des proportions disproportionnées.

À force de nourrir cette croyance, j'ai fini par t'étouffer et dans un souffle de liberté, tu t'en es allée. Quelle souffrance !
Tu étais devenue un pilier nécessaire de ma vie, mais quel calvaire, comment demander ça à quelqu'un, imposer ça à un être cher ?
Ma croyance était telle : « Si tu n'existes plus dans ma vie, je ne suis plus rien. »
Et pour te protéger, tu t'en es allée.

Triste rancœur, enfermée dans mon cœur.
Tant de colère, que je ne sais cerner, que je tente d'exprimer.
Comme un Playmobil désarticulé.
Alors que les flocons livrent une bataille contre le vent déchaîné, et que le soleil se cache derrière les nuages, je tente moi-même de livrer bataille pour que cela ne se termine pas ainsi, pour ne plus me cacher derrière des peurs tragiques.

Triste lueur qui brouille mon cœur,
Une nuit blanche se confrontant au rouge du sommeil,
Une nuit noire attendant les rayons du soleil,
Nouvelle aube.
Magnifique le ciel devenant de feu,
Orangé le ciel s'éveillant peu à peu,
Nouveau jour.
La lumière éclairant nos chemins,
Derrière nous, s'en va ce chagrin.

Bien des années passent, pendant lesquelles je réalise toute la dimension de ce sentiment, je mesure enfin tout le poids de cette perte d'équilibre.
J'ai besoin de stabilité en amour.

Je la cherche dans l'amour que les autres me donnent.
Maintenant, je comprends l'architecture de cette peur.
Je retrouve mes briques d'antan.
Alors qu'à l'époque elles me servaient de barrage pour toutes ces peurs qui me faisaient souffrir.
Aujourd'hui, je dresse un socle sur lequel je peux m'épanouir.
« Bonnes bottes, bon chapeau. »
Les fondations sont là : cet amour, je l'ai en moi.

Merci à la jeune femme du Parc du Peyrou,
À cet être angélique,
Magnifique,
Qui, le temps d'un instant, a délaissé ses verrous
Dans un murmure,
M'a offert un partage,
A laissé glisser son armure,
De son âme si pure,
A ouvert sa cage,
Telle un mirage
Et m'a alors confié,
Une Clef Dorée.

À toutes les âmes qui animent ma vie

Quand un arbre tombe, on l'entend ;
quand la forêt pousse, pas un bruit.
Proverbe africain

Étincelante, la pleine lune éclaire un chemin sinueux au cœur de la forêt,
Le Rond s'avance à pas pesant, traversant les clairières des âmes qui animent sa vie.
Cherchant ses mots, perplexe de ses mouvements sobres,
Elle observe ces âmes entre les feuillages,
Souhaitant que chaque moment partagé scintille.

À travers la brise,
Une flèche siffle,
Quelques mots attisent
Quelques émotions,
Son cœur agonise,
Son âme est en crise
Le Lutin ironise,
Son corps en vit une mutation

Vertes, les pattes velues qui s'avancent dans la pénombre.
La paix s'effondre ; les émotions ont pris trop d'ampleur.
En pleurs ; la peur qui transforme les maux,
Les mots virulents qui se traînent à quatre pattes.

Vertes, les grimaces de dégoût que partagent ces âmes,
Amertume cachée dans leurs discours de velours,
Lourds de griffures à cœurs ouverts.

Ou verts ces cœurs blessés, brisés par quelques échanges tracassés.

Laquelle d'entre elles n'a pas eu un jour à affronter ce monstre ?
La colère.

Quand tu te déconnectes et agis par survie
Vie mise en pause par la violence,
Lance des lances sans réfléchir
L'esprit fléchit sous le poids du monstre qui s'éveille.

Instinct de survie.
Instinct de destruction.

Glacial, un frisson parcourt son dos,
Effroi, l'ombre d'un doute tombe,
Retombe, la veste de ses épaules.
Accélère le pouls, le sang coule dans ses veines,
Vaines paroles en l'air.

Douleurs, douceurs, il n'y a qu'un pas.
Un pas vers ce monstre, une caresse
Que cesse cette triste scène,
Que ces pas l'accompagnent,
Doux cœur panse ses plaies ouvertes.
Plaisir d'offrir des plantes vertes,
Pour reboiser leurs jardins délabrés.

À toutes ces âmes qui animent ma vie.
Le monstre a peur du noir,
Laissez-moi dans ma grotte,
Aimez ma solitude, au printemps de ma vie,
Éclairez ma lanterne, les soirs d'hiver,
Cueillez les fleurs de mes jardins d'été,
Traversons les monts, les ponts,
Ensemble, construisons nos prochains pas.
Pas de géant pour de grandes âmes.
Quand l'automne viendra et que les feuilles tomberont,
Je n'aurai plus peur.

Un murmure au fond de mon cœur me laisse croire que la puissance de ce monstre n'est que le reflet de ce qu'il est capable de donner en amour.

Doux rêves étincelants

L'adulte ouvrit les yeux, elle sourit.
Face à elle, s'écoulait une rivière bleue au courant rapide. Un poisson dansait dans son flot, laissant apparaître ses écailles roses aux reflets émeraude.
Il plongea entre les algues vertes, quelques bulles remontèrent à la surface.

L'adulte assise en tailleur sur un coussin bleu, s'abandonna dans un long soupir.
Pas de ceux exacerbés d'ennuis, mais empreints de sérénité.
Les sanglots l'envahirent.
Les larmes, ruisselant le long de ses joues, brillaient tels les joyaux d'une couronne.
Dans le ciel bleu, une étoile scintillait, une lueur d'espoir.
Soudain, un Lutin bondit de l'eau, s'arrêta face à elle et posa ses mains sur ses épaules.

« La vie est un rêve, le monde dans lequel nous vivons se réalise grâce à ce que l'on pense et les points de vue que l'on décide d'adopter. Si nous portons notre attention sur ce qui est positif, alors notre monde le deviendra, c'est ainsi qu'il est.
Crois donc en tes rêves et tu réaliseras de grandes choses. »

Ses paroles s'envolèrent vers le cœur de l'adulte, vers le monde qui les entourait.
Vers le courant de la rivière turquoise, et le poisson rosé et les larmes émeraude.
Vers l'autre rive, et ses herbes folles de couleurs.

Dans une bourrasque, elles s'agitent.
Entre elles, brusquement, comme si le temps n'avait plus de valeur.
En un mouvement, un soubresaut, un frisson.
Sans même le répit d'une nuit, un arbre naquit.

D'une attractivité féérique, un tronc phénoménal surgit.
D'interminables branches s'élevèrent vers de luxuriants feuillages.
Quelques boutons d'or, et le temps d'un clignement d'œil, les voilà devenus fruits.
Des fruits étranges à la forme d'une poire, dont la couleur de la base tend vers l'aubergine tandis que la pointe se teinte d'un orangé vif.

Point besoin d'y goûter tant il nourrit le regard d'une douceur sucrée !

« *Tes seules limites sont celles que tu décides de t'imposer. Nous oublions parfois à quel point nous sommes capables d'aller bien au-delà de ce que nous voulons bien croire.*
Ose vivre l'Amour, je suis là et je veillerai sur toi.
Je suis ton ange gardien. »[1]

Un murmure au fond de mon cœur, me laisse croire que cet amour, je l'ai en moi.

Je n'aurai plus peur de t'aimer.
Je n'aurai plus peur de créer.
Je n'aurai plus peur de bâtir.

Quand l'automne viendra et que les feuilles tomberont.
Je n'aurai plus peur.

---

1 Citation de Bastien Richard - Chaman.

Nuage

En construisant en terre, on se construit
soi-même sur Terre.

Je sens la musique.
Électrique, le rythme me transporte dans un autre monde.
Chaque partie de mon corps est vivante. Je revendique la joie de vivre, même un sourire ose s'aventurer sur mes lèvres roses.
Et les mots fusent, l'énergie se diffuse, les notes s'amusent, le tempo ralentit…
Une nuitée chaude, au cœur de l'hiver, où je ris.
Un moment qui éclot, au cœur des fleurs du printemps, où je brille.
Une soirée estivale, au cœur d'une foule qui s'ose à la fête, où je danse.
Une escapade de douceur, où les feuilles automnales roulent sous nos pas, au cœur d'une douce heure, où je vibre.
Et les mots fusent, l'énergie se diffuse, les notes angéliques tintent en rythme dans nos cœurs.

J'aperçois entre les feuillages de nos jardins, les fleurs couvrant le sol, les arbres s'élèvant dans les cieux et les champignons se connectant de toutes parts, là où l'instant précédant il n'y avait rien.
Une bulle nous entoure, il n'y a plus que toi et moi, il n'y a plus que nous.
Au cœur de cet instant où je te vois, t'entends, te sens, te touche, te goûte.
Nous sommes sur un Nuage.

Je suis amoureuse.

Amoureuse des couleurs de la vie, du bruit de l'eau qui ruisselle près de moi, du vent qui fait chanter les arbres. Des ailes des papillons qui chuchotent de douces mélodies.

Oui, je suis amoureuse.
Des promesses de voyage et mon sac sur le dos, j'aime mes aventures vers ces nouvelles contrées, le temps qui s'arrête autour de nous, la joie qui pétille dans nos regards.

Le paradoxe reprend.

Et le Rond danse, sautille, virevolte.
Le Lutin débarque sordidement.
« Fais attention, tout le monde te regarde. »
Il sussure
« Tu es ridicule. »
Le Rond sourit.
Ses angoisses refont surface ; fugaces, elles s'accaparent une place dans une crevasse ; tenaces, elles se délectent avec audace de cet instant.
Commence par sourire, ça permet de mieux vivre. Le Rond sourit.
Le Rond respire.
Elle se souvient de ces moments où son corps la faisait souffrir, la paralysant, où le regard des autres s'insinuait dans cette souffrance, l'immobilisant. Où le silence était grand, et l'absence pesante.
Tout est éphémère ; aujourd'hui, tout est différent. Le Rond respire.
« Je peux danser ! »
Et le Rond danse, sautille, virevolte.
Et le Lutin disparaît dans un souffle.

Le Nuage est là, près d'elle, elle peut le voir, l'entendre, le sentir, le toucher, le goûter.
L'amour est là.

Toute cette place qu'il prend dans son être, cette adrénaline qui lui donne des ailes, ces yeux qui pétillent à voir cette merveille.

Voluptueux, il se rapproche d'elle, élégamment, elle prend son visage dans ses mains, furtivement, elle pose un baiser sur ses lèvres.

Mais le Nuage lui fait peur.
Lui qui remplit d'amour toute son âme, elle qui se souvient de la douleur de ce creux qui s'installe.
Et le Lutin déclare : « L'amour va partir, il ne veut pas de toi »
Le Nuage s'assombrit.
Elle a peur.
Submergée, elle ne voit pas sa présence, n'entend plus son langage plein d'amour, le parfum qui émane de leurs jardins disparaît, et leurs câlins laissent un goût amer sur le bout de sa langue.
On attire ce que l'on rayonne.
Et le Nuage s'éloigne.
Le Rond le repousse et dans un élan, un vieux réflexe, explose.
Et le Nuage s'évapore.

Comme un ascenseur qui se prend une rafale.
Ébranlée, elle oscille.
Déstabilisée, elle chancelle.
La brise glaciale, et les bourrasques violentes, le brouillard tombe.
Le Lutin intervient, colmate les fenêtres du cœur.
Le Rond suffoque, l'atmosphère est lourde.

Le souffle coupé par ses actes manqués, elle s'éloigne pour respirer.

Le Nuage ne comprend pas.
« Pourquoi ? »
Un regard interloqué traverse les yeux du Rond, elle reprend son souffle, respire.
Cette fois, elle ne se camoufle pas.
Le regard plein de certitudes, le Rond choisi de se dévêtir du chaos pour rejoindre l'harmonie. Ainsi, elle partage ces quelques mots :
« Je fais ce que je peux, avec ce que j'ai. »

Elle explique ce qu'elle ressent, elle a peur, elle essaye d'être la plus claire possible.
De rester alignée, entre ses actes, ses pensées et ses mots.
Tandis que le Rond brandit un parapluie cassé pour se protéger de la grêle et avance avec hargne sur les chemins sinueux, réalisant quelques cabrioles enjouées, trébuchant de temps en temps.
Le Nuage l'observe d'un doux regard. Sans jugement, il écoute.

Laissant les tempêtes de côté avec tant de hauteur sur chaque instant, avec tant de sagesse sur chaque mot, il englobe le Rond de ses bras rassurants, de son souffle calme, le brouillard s'estompe.
Le Rond se repose sur ce Nuage confortable.

Or, une relation est une co-construction.

La vie est comme une sculpture de galets en équilibre les uns sur les autres.
Chaque galet ne tient que grâce au précédent et le choix du suivant déterminera celui qui vient ensuite. Nous ne sommes qu'une multitude de galets que nous avons choisi de positionner.
Nous sommes pieds nus sur la plage, cherchant à monter encore plus haut notre sculpture, n'ayant en tête que la forme du dernier posé pour choisir le suivant.
Or, tout est une question d'équilibre de l'entièreté de cette sculpture et il nous faudra du recul pour observer la nôtre.

Accepter de faire partie de l'aventure de vie de quelqu'un, c'est vadrouiller ensemble sur la plage à la recherche de nos prochains galets de vie. C'est accepter sa sculpture telle qu'elle est et être confiant sur son équilibre, son harmonie. Chacun étant maître de sa propre sculpture.

Nous pouvons décorer ces galets, les peindre, mettre des paillettes, les décrire comme on le souhaite, mais nous ne pouvons les retirer pour les offrir.
Le Rond prend conscience qu'elle n'a qu'une perception limitée des sculptures qui l'entourent. Elle ne peut prédire les galets qui

viendront les bâtir, tout dépend de la plage qui les entoure alors, c'est la matière qui décide.

Certains galets sont biscornus, victimes de l'érosion du temps, des blessures du passé.
Mettant en péril l'équilibre des suivants, risquant que le tout s'effondre.
Chacun est responsable de sa sculpture et peut oser la déconstruire. Nous avons tous accès à des plages pleines de richesses, intenses, où la matière nécessaire pour en prendre soin, la consolider, l'harmoniser est tout autour de nous.
Chaque sculpture est parfaite.
En construisant en terre, on se construit soi-même sur Terre.

La Barque

I n'y a nin d'pus bielle dinse ed quind tout l'monte dinse.
Il n'y a pas plus belle danse que lorsque
tout le monde danse.
Proverbe ch'tit

Un matin d'automne, alors que la pluie bat son plein en signe d'au revoir mélancolique,
Le Rond quitte la Villa Fleurie.
Elle s'en va sur son radeau, sur le fleuve de sa vie.
Les lucioles la devancent, font pétiller ses yeux et éclairent son lit.
Telle une prière, elle défie le ciel dans un cri :
Que les aventures de ma nouvelle vie s'édifient !
Que les galères des ennemis cèdent ici !
Que cessent les avaries !

Premier rêve à l'embouchure, un arc-en-ciel attire le Rond.
Une idée de moussaillon qui, plein de fougue, rame vigoureusement vers la rive.
Croyant déjà voir le chaudron plein d'or à ses pieds.

L'idée est simple, réunir des matelots enchantés
Partager toutes les ressources, et partir tous ensemble découvrir de nouvelles contrées.
Le Rond accoste ce projet sans craindre l'avenir.
Elle n'y voit qu'une forêt de rires.
« Voyage Céleste »
Premier périple, Barcelone
À travers les ruelles désuètes du Barri Gòtic, on se promène. On suit le mouvement de la foule d'exotiques exilés de divers pays,

en transit quelques minutes devant telle ou telle bâtisse. Les yeux exorbités attirés au loin par l'exubérante Sagrada Família. Chef-d'œuvre intemporel, architecture touchée par la ferveur catalane, jadis sacrée aujourd'hui piétinée par des milliers de visiteurs avides de somptuosité, bouche béante devant la beauté de ce lieu.
On continue notre expédition jusqu'à la découverte du Parc Güell, enchantés par les mosaïques fixées aux bancs, eux-mêmes absorbés par les murs de *casas* abritant des formes inattendues, des couleurs fastueuses.
On déambule jusqu'au soleil couchant, absorbant des breuvages plus absurdes les uns que les autres, on finit chaque journée en titubant, le cœur plein de souvenirs.
Deuxième expédition, Lisbonne.
Nos pas trébuchent sur les dalles vétustes des vieilles rues pentues de Lisbonne. On se perd et se retrouve au pied des collines, le regard au loin attiré par l'odeur alléchante des douceurs du coin.

Nous voilà revenus en terre connue, rêvant déjà de la prochaine exploration.

« La bourse ou la vie ! »

Il n'y a pas pire corsaire qu'au sein des vaisseaux royaux.
Qui attaque sans scrupule son radeau.
N'ont-ils pas remarqué qu'il n'y a en son sein aucun coffre-fort ?
Ils lui réclament une dette des plus absurdes : près de 20000 pièces d'or !
Désœuvrée, la bourse trouée,
Le Rond écope de treize mois de travaux forcés.
Bien dure besogne.
Pour le compte de la Couronne.

Voilà comment sont accompagnés les plus téméraires !
Un coup de main ? Non ! Un coup de pied, pour l'envoyer directement six pieds sous terre.

Mais c'était sans compter sur cette rage qui l'anime,

Lorsqu'on a survécu à la Villa Géométrique, on peut survivre à tout.
On ne se laisse pas enterrer aussi stupidement.
La Tribu débarque et l'aide à construire une barque.

Dès l'aurore, elle s'en va échanger son temps contre quelques deniers.
Les chaînes au pied, elle rentre bien après le soleil couché.
Vive l'esclavage moderne !
Les jours filent, le travail acharné est payé.
Un beau matin, la dette est acquittée.

Le Rond peut enfin quitter ces flots tumultueux et se retrouve en eaux plus calmes.
Son rêve toujours à l'horizon, elle navigue désormais en haute mer.

À la recherche de trésors enfouis, ressources nécessaires à la survie
Elle quitte sa barque pour prendre poste dans diverses trières.
Auprès de triérarques plus ou moins barges en mer.
L'un est abusif, contrôlant, l'autre dégradant.
Certains sont rassurants, d'autres insultants.

Elle claque des portes, cherchant encore sa voie dans ses flots tumultueux.
Cycle redondant, rêvant d'une vie extraordinaire tandis qu'elle navigue entre deux eaux ordinaires.
Sa boussole s'affole, l'emmène d'expériences périlleuses à trois francs six sous, jusqu'en haut de montagnes rugueuses à en perdre haleine.
Chaque aventure est une opportunité de croissance.

Tout au long de ses périples, elle rencontre des âmes douces,
Des pirates qui voguent au gré du vent,
Emportant dans leurs sillages la promesse d'un avenir radieux.

À toutes les âmes qui animent ma vie,
À tous ces bagages que nous avons partagés,

Qui, chacune à sa façon, m'a apporté outils, soutien et diverses paroles,
Sans lesquelles je n'aurais eu la force de sauter par-dessus bord de ses paquebots grisonnants.
Sans lesquelles je n'aurais pu co-construire le voilier me portant sur les vagues.

À toutes les âmes qui animent ma vie. Merci.

Une nouvelle île en vue !

Le Rond aiguise son sabre et saborde sa place des divers établissements qu'elle veut quitter absolument.
Elle chuchote au Lutin : « J'ai de la valeur, je mérite le respect ».

La revoilà sur les flots, capitaine de son rafiot, partie à la pêche du respect.

Le ciel s'assombrit.
Tempête !
Le Rond s'y engouffre à tort.
Une missive traverse la lorgnette.
Délivrant un coup du sort...

En elle, une graine s'est logée,
Un esprit danse
Le Rond est chamboulé
Nouvelle cadence
De cette course effrénée
Nouvelle potence
Son univers est éboulé
Elle cherche en son sein
Le choix le plus sain
Face à ce destin

Quelques mots rapatrient le Rond
Les pieds sur Terre
Elle fait alors le choix
D'avorter son voyage
Pour prendre conscience

De la valeur d'une vie
De la valeur du lien
De la valeur du respect

Le Rond souffle une nouvelle ode pour repartir s'aguerrir de nouvelles odyssées.

Une pustule rouge qui gratte
Regarde-moi.
Ça pullule sur tout son corps en un clin d'œil
Écoute-moi
Des plaques qui suintent par tous les pores
Le Rond débarque dans un nouveau port
Sa peau se délite de part et d'autre tandis que sa langue se dépite
Habitée d'une honte sans pareille.
Le médecin reste coi, tandis que le mal lui dit
Regarde-moi.
Écoute-moi.
Le Lutin n'est point de cet avis.
Dans une société où la beauté prévaut sur la conscience des choses
Une maladie de peau est bien mal accueillie par un Rond caméléon.
Accepte-moi.
Alors que le soleil est déjà bien haut, le Rond se camoufle sous un béret, rabaisse les manches longues de son col roulé et nage dans des pantalons mal ajustés.
La peau rouillée, souillée, méprisée.
Le Rond se précipite dans ses déchirures.

Mais c'était sans compter sur toutes les âmes qui animent ma vie,
Qui caressent mes crevasses sans jugement,
Qui me figent sur un cliché sans y prendre part.
Qui me consolent et m'aiment alors même que ma carapace se carapate.
Mon latin et mes cheveux commencent à s'échapper.

Jusqu'au jour où je décide

Que ce n'est pas bien grave,
Que les regards de dégoût des inconnus ne touchent plus mon âme.
Je décide de ne plus me camoufler.
Je quitte mes déguisements parfaits et laisse apparaître les défauts de mon être.
Mes crevasses, mes tâches.
Je décide de ne plus mettre mon énergie dans ses fissures.
À mon tour, avec tout ce que je suis, je fais irruption dans ma vie.
Après plusieurs mois de souffrance, il suffira de quelques jours.
En ne pensant plus à ce à quoi je ressemble, mais à qui je semble être, pour que les éruptions disparaissent.
Je me respecte.

Du ciel à l'océan, le même azur qui se reflète dans les yeux du Rond.
Tout juste débarqué dans cet autre monde, où il fait tout le temps beau, où l'on se défait de nos polaires pour accueillir l'air marin.
Accueillie par cette femme ;
Doyenne de ma vie,
Partie à la rencontre d'un souvenir, conté près d'un rosé logé dans une coupe cristalline.
On comprend vite et avec beaucoup de douceur que toutes deux nous ne vivons pas dans le même monde.
Nous ajustons nos lunettes pour observer ce que nous voulons voir :
Lorsque je regarde son monde, j'y vois un monde empreint d'actualités tragiques, sculptées dans un marbre gris, morose, plein de dénis.
Lorsqu'elle analyse mon univers, elle y voit une succession d'évènements niais, dessinés dans la boue sableuse des chimères illusoires.

On comprend vite et avec beaucoup de douceur que l'on ne comprend rien.
Je mets de l'eau dans mon rosé quand les mots ternes ne saisissent pas le moderne.
L'une voit le verre à moitié vide, tandis que l'autre ne cesse de le remplir.

L'un reproche la porosité du temps, un goût amer dans la bouche, ce monde est triste, sombre.
L'autre est proche de l'aurore, un goût sucré sur la langue, ce monde joyeux, clair.
On vit dans le monde que l'on décide de voir.
Mais le Rond n'est pas dupe, onduleuse la honte sournoise qui met en lumière quelques défauts mal assortis.
On met de l'eau dans notre rosé.
On n'aime pas ce monde dans lequel l'autre évolue, les conversations sont brèves, témoins d'une volonté d'accepter l'autre sans pour autant la comprendre.
On boit nos paroles, sans en perdre une goutte, on aime ces souvenirs d'un autre temps, on aime les histoires que l'on se conte.
On comprend vite que l'on ne comprend rien.
On comprend vite que ce n'est pas si grave.

Grave.
Le Rond décide de raviver cette énergie d'aventures sur les flots de la vie.
Le Rond débarque de sa chaloupe sur une plage de graviers.
Dans cette nouvelle contrée, elle part à la rencontre de constructions d'antan.

L'ombre des bâtiments s'étire chaque matin sur la ville.
Les passants se faufilent, tête baissée, emmitouflés dans leurs blouses noires.
Les arbres s'octroient un carré de verdure de part et d'autre de la rue.
Quelques bourgeons s'éveillent en ce début de printemps.
Un rayon de soleil embrase un morceau de trottoir
Une femme se trouve là, debout,
Les mains jointes, le regard vers le ciel.
Elle croit en ses rêves.
La lumière se reflète dans ses cheveux dorés, diffusant son aura tout autour d'elle.

Plus haut, une fenêtre s'entrouvre laissant émaner une douce musique.

La femme ferme les yeux,
Inspire.
Et dans un souffle, laisse son corps vibrer.
Suivre le rythme de la mélodie de la vie.
Suivre la pureté de son instinct de vie.
On ressent dans tout le quartier cette énergie créatrice.
Cet appel au mouvement, cet appel de l'âme à la vie.

Quelques curieux changent de voie pour s'approcher d'elle.
L'énergie se diffuse dans le cœur de chacun.
Bientôt une ronde se forme
Autour de ce noyau qu'est la danse de la vie
Bientôt cette foule ne forme plus qu'un être

Un être majestueux que la lumière éveille
Dans la cocréation d'un avenir radieux.

Imprimé en France - R_47466 - 14110 Condé-sur-Noireau
RapidBook, une marque du Groupe Corlet Imprimeur